U0179004

TRAVEL GUIDE for SPACE EXPLORERS

Antonio Ereditato

出发吧！
太空探险家

[意]安东尼奥·埃里迪达托 著　　潘书文 钱璨 译

天津出版传媒集团

天津人民出版社

目录

引言：旅行者的梦想　　　　　　　1

第一部分　行前准备

1. 狭义相对论的玩笑　　　　　　8

2. 出色的望远镜和显微镜　　　　21

3. 宇宙多么浩瀚　　　　　　　42

4.（几乎）与光一样快!　　　　58

5. 反物质推进和其他　　　　　67

第二部分　旅程

6. 旅程开始了　　　　　　　84

7. 月球，星空一瞥   **88**

出发后第2天

8. 木星，太阳系的长子   **109**

出发后第9天

9. 太阳系的边界   **123**

出发后第153天

10. 另一颗恒星与另一颗行星   **129**

出发后的5年287天

11. 银河之王   **145**

出发后的19年140天

12. 在无尽的虚无中，
这是一个没人想去往的地方   **163**

出发后的33年227天

13. 准备回家   **176**

出发后的33年294天

致谢   **191**

出发吧！太空探险家

因为有你，一切皆有可能

引言 旅行者的梦想

凝望星空，总能让我陷入遐想，就好像当我观察地图的时候，总是想象着上面那些小黑点代表的城市和村庄。我经常问自己，为什么，天空中那些闪闪发光的小点不能像法国地图上的小黑点一样被人们所熟知？

——［荷兰］文森特·梵高

出发去探索新的事物，是所有旅行者与生俱来的使命和梦想。从人类开始探索周围的小世界开始，这样的梦想就未曾改变过。探索的范围也越来越广：从居住的洞穴附近，到村庄的边界之外。然后，跨过高山，越过海洋；到达令人炫目的山巅，潜入海洋的深渊；向着极地永恒的寒冷出发，又闯入难以穿越的丛林、干旱贫瘠的沙漠中。人类总是不畏艰险、勇往直前，并不带有理性的目的。推动人类前进的绝不仅是采集、捕猎、开拓殖民地以及扩展自己的领地。事实上，最重要的推动力是认知的渴望，哪怕冒着丧失生命的风险。这种渴望，就像一块烙印着人类原始天性、具有象征意义的化石，如今仍存留在科学人的脑海中，存留在先驱者的脑海中，存留在始终探寻新的边界、并渴求突破的学者的脑海中。

　　很快，人类的探索范围就超越了地球，目光开始转向天空，那个浩瀚的、寒冷的、黑暗的天空。黑色的夜空里满是远得无法企及的星辰，正因为这一点，它显得更加神秘，充满吸引力。一开始，探索天空只是柏拉图的愿望。随后，出现了第一次跃入虚无宇宙的尝试，但很快就带着胆怯被地球这个温暖的家召唤回来。再后来，人类又向前迈出了勇敢的一步：坐在几立方米的钢制的空间里，进入太空轨道中。最后，人类终于能做到斩断和地球的联系，征服月球，这一事件使得地球最终成为苍穹中的一个客体。

一切才刚刚开始。尽管不是采用直接的方式，我们已经用带有"人类智慧"的仪器，观察和触碰了行星、卫星，甚至彗星。我们的太空探测器已经到达了太阳系的边缘，并轻声向我们叙述着浩瀚的、冰冷的"宇宙之空"。在这样的宇宙中，探测器一直都在飞行，并且，只要时空存在，它们就会一直飞行下去。它们离家越来越远，承载着我们认识未知、征服未知的渴望。

那么，现在等待我们的又是什么呢？可以打赌的是：很快，我们对太阳系就会十分熟知。我们为何不穿越太阳系，到达太阳系以外的较近的恒星去看一看呢？我们为何不去银河系漫游一番呢？然后，离开银河系，穿越到其他成千上万的星系中去观察一下呢？然后……再然后……

然后，美梦消失了，我们醒过来，发现自己的生物属性是有限的；发现在宇宙无尽的时空面前，生命留给我们的时间是短暂的；发现我们对能量和新技术的需求是迫切的；发现物质所受的速度是有限制的，这样的客观规律是无法避免的。那么，我们已经到达了梦想和旅程的终点吗？或许不是。作为人类这样一种勤劳、充满好奇心的生物，我们可以尽情地发挥自身的聪明才智，去进行颠覆性的发明和创造，去破解物理规律，拓展认知局限，从而获得开拓者的胜利。

太空旅行者的目的便是去认识星球、发现未知、发现地外生命的各种形态。根据逻辑推理，我们不要期待地球附近的太空和银河系外的太空有什么太大的差异。天文观测告诉我们：在仪器目前可探测的范围之内，外太空相对而言都是相同的。同样，根据合乎情理的推断，几乎可以肯定的是：无数和地球相似的行星上存在着多样的生命形式，可能类似于我们人类，甚至比人类更加聪明。

尽管存在一些不切实际的目标，人类渴求直接探索宇宙的愿望如此强烈。通过使用太空探测器，有些目标已经达成。然而，在这一事实面前，我们仍然可以问自己：载人航天飞行的必要性是什么？回答可能是多样的，有一些原因也肯定不是科学层面的。显然，观察、描述宇宙所体会的愉悦感是无价的，就好像把人类理想的旗帜插上美洲新大陆所带来的荣耀感一样。还有其他的各种潜在因素推动着载人航天飞行，这些我们也不能忽视，诸如一些政治、法律、经济因素等，它还是国家荣耀和威望的象征。当然，人类空间探索也面临种种问题：巨额的花费、技术的限制等。事实告诉我们：20世纪70年代初，当人类为"阿波罗计划"付出巨大的代价之后，就再也没有人登上离我们如此之近的月球，也没有登陆离我们很近的其他星球。除此以外，人类生物属性的限制，尤其是物理因素的限制，极大地阻碍了我们探索太阳系外的空间，例如：无限遥远的、我们大脑完全无法想象的距离，还有光速造成的旅行障碍，这一点，爱因斯坦已经通过相对论的正确性予以了证明。

相对论并没有带领我们进入科幻世界，它用跃入超时空、头朝下跌入"虫洞"、曲率发动机等概念，让我们看到了远距离时空旅行的希望。它给予了我们小小的安慰，至少是理论上的安慰，它告诉我们：无须打破物理和生物规律，我们也可能用接近光的速度，完成星际旅行。时空间隔的相对性使得宇航员能够完成一些短暂的旅行，他们十分渴望在银河系内外探索未知。但这些旅程对于在家等待他们的人来说却是漫长的，旅程总是将他们与家人的时空轨道和命运隔离开来。

我们通过近几十年的努力，在宇宙的"地图"上留下了光辉的印记。因此，这张地图为我们今后可能的太空之旅提供了可靠的参考。未来的旅行虽然令人难以想象，却依旧可以实现。我们期待着有那么一天，当人类突破技术障碍的时候，可以踏上这段旅程。现在，就让我们一同试着经历这段太空之旅吧，想象着从近距离观察宇宙的美妙，领会它的魅力，发掘各种潜藏的奥秘。让我们想象着超越科学的极限，越过技术的障碍，驾驶我们的"卡拉维尔号"飞船，飞向太空，朝着右上方的仙女座星系出发吧……

第一部分

行前准备

❶

狭义相对论的玩笑

在相对论这一理论中，不存在单一的绝对时间，每个个体都有独立的时间尺度，这取决于其所处的位置以及他移动的方式。

—— [英]斯蒂芬·霍金

阿尔伯特·爱因斯坦的狭义相对论是帮助我们理解和策划旅程第一重要的工具。该理论描述了物质运动的相对速度与真空中的光速相似，相当于约每秒30万千米。伽利略－牛顿力学方程已经很好地解释了相对较慢的物体的运动。然而，实验证明，当论及高速运动的物体时，这些方程式不能精确成立：所谓的"经典物理学"的解释适用于我们日常生活的大部分场景，甚至也适用于许多现代物理实验；但爱因斯坦的相对论有效地解释了发生在神奇的微观世界里的基本粒子的运动过程。同时，它也预测了如卫星、宇宙飞船等宏观物体的运动，特别是当这些物体以接近光速的相对速度运动时，游戏的规则改变了，我们不得不用爱因斯坦更广、更全面的相对论来代替牛顿的经典力学理论。

20世纪初，在僻静的瑞士伯尔尼，在经典物理学走向尽头之际，爱因斯坦提出了相对论。该理论是现代思想的一场大革命，它用一种实际可操作的方式，对传统物理理论无法解释的一些概念进行讨论。爱因斯坦开始批判性地探讨物理事件同时性的含义，然后尽可能证明所有物理定律的统一性和有效性，这其中包括物体的运动和电磁学。在爱因斯坦看来，首先，时间失去了绝对性，它的尺度是完全相对的，取决于物体运动或静止时的状态；其次，不存在牛顿提出的绝对的、不变的时间概念，我们每个人、所有观察者的时间都是不一样的，每个人的时间相对于他人的时间都是变化的。爱因斯坦的时间观认为，每个人的时间是不同的，但这并不简单归因于每个人对度过时间方式的主观感知不一样。爱因斯坦想谈论的是钟表的嘀嗒声，是原子的振荡。他提出的时间，是超高速运行这种极端状态下的世界的时间。这也是一个完全相对的时间，就像不同物体的测量尺度，或是不同位置的空间距离。

　　爱因斯坦所探讨的话题都是有理论支撑的，并且他的理论已经被实验所证实。每当我们谈论时空问题，都会聊到爱因斯坦的这些话题。无论从科学还是哲学角度，我们都离不开他以相对论为基础的推测。几个世纪以来，时间的观念一直在改变，它演变的路径是这样的：前牛顿时期，可怕的、有些混乱的主观主义统治着一切，每个人都诉说着自己不科学的主观理解；到了牛顿时期，时间变成绝对的概念；最后，时间再次回归相对性，我们可以说，这是一种"绝对的"相对性，是一种主观主义的新形式，以科学的、可验证的事实为基础。通过爱因斯坦的努力，绝对主义，或者说是时间的绝对性，已经转换为时空的概念，因为相对论的方程已经将空间的三维坐标和时间的坐标融合在一起。总之，这是这位来自乌尔姆的物理学家真正的大革命。

爱因斯坦回答了一个表面看起来比较平庸，实际上却是革命性的问题："麦克斯韦方程组完美地描述了电磁感应现象，其中出现的代表光速的字母 c，在怎样的参照系下有效？在极端情况下，如果'我'叠加在一束光上，与另外一束光相向而行，相遇的相对速度就是 $2c$，也就是两倍于光速吗？"如果设想是这样的话，在无数可能的参照系中，可能出现唯一的一个参照系，在其中，麦克斯韦的方程组可能是有效的。这个参照系就是"以太"，一种假设的、无形的、无质量的介质，尽管当今科学已经证实以太是不存在的。通过它，电磁波（比如光）得以传播。显然，这种传播是在真空中进行的，比如在宇宙空间中。在真空中充满了以太，以它为参照系，各种行星、星系、宇航员等在以不同速度运动。因此，光只有在以静止的、固定的以太为参照系时，传播速度才是 c，也就是光速。我们知道，经典物理学的出发点在于它所推测的所有定律适用于任何惯性参照系，无论是静止的还是直线运动的。牛顿力学体系除了三大定律以外，还依赖"伽利略变换"，但"伽利略变换"无法解释光速在任意参照系下的恒定性，只能以"以太"为参照系，才能解释光速的恒定性。

在爱因斯坦开始探索的20年前，美国物理学家阿尔伯特·迈克尔孙（Albert Michelson）和爱德华·莫雷（Edward Morley）已经设计和完成了一个重要实验，为相对论的进一步发展奠定了坚实的基础。在该实验中，光源经分光镜变成两束呈直角射出的光，再分别经过反光镜投射至观测屏。若以太存在，两束光应以不同速度返回，产生的光程差在观测屏上形成干涉条纹。随着装置整体（和地球）相对于以太的运动方向变化，如从白天到黑夜，从夏季到冬季，在观测屏上的干涉条纹应该发生移动。然而，这两位科学家没有观察到任何变量，没有看到光速的任何不同值。以太似乎对穿越于其中的光线毫无影响。实验结果证实了光速的恒定性。无论参照系是什么，光速都是恒定的 c。实验也证明了以太是不存在的。可笑的是：在那次决定性的实验的一百多年后，而且后来也有几千次实验证明以太不存在，如今很多人还认为广播和电视靠着以太这种介质进行传播。

迈克尔孙和莫雷的实验为爱因斯坦狭义相对论的发展奠定了坚实的基础，尽管这位天才般的理论物理学家并不认为该实验对他的工作起到决定性的作用。爱因斯坦从两个推测出发，继续发展了他的理论。这两个推测是：

（1）所有物理学的定律，包括力学和电磁学，适用于任何惯性参照系；

（2）在任何参照系中，光速 c 都是恒定的。

现在，仔细的读者就能很清楚地意识到：如果"我"叠加在一束光上，与另外一束光相向而行并相遇，"我"的相对速度就是 c，而不是 $2c$！事实上，根据科学原理，这样的叠加是不可能发生的。那么，如果我们把光束替换成一个无限接近光速运动的物体，结果仍然不会改变，"我"的相对速度依旧是 c。

这两个推测的结果是颠覆性的：牛顿的力学理论不再完全正确，使得物理学的改革一直在进行。20世纪初，荷兰物理学家亨德里克·洛伦兹的改革使得对物体运动的描述从一个参照系变换到另一个参照系。根据新的参照系，物体以速度 v 运动。这一变换并不是经典的"伽利略变换"，而是洛伦兹提出的一种新的变换公式，即"洛伦兹变换"[i]。后来，爱因斯坦把"洛伦兹变换"用于力学关系式，创立了狭义相对论。爱因斯坦的时空观认为，时间和空间是两种不可分割的元素。为了使不同惯性系中的物理定律在洛伦兹变换下仍然适用，爱因斯坦付出了巨大的努力。

下面，我们用一些具体的例子来阐释一些晦涩难懂的概念吧。如果我用 L_0 来标记实验室中一张桌子的长度，以我为参照，我的一个同事在以 v 的恒定速度运动，那么，沿着运动的方向，他观察到的这张桌子的长度就会缩短。因此，他测出的桌子长度 L 就比 L_0 要短，这就是我们之间的相对速度在起作用。随着速度 v 与光速 c 越来越接近，长度 L 和 L_0 的差距也越来越大。让我们再用一个天体物理学的例子来解释吧。

---

[i] 洛伦兹变换引入了时间的相对性概念，解释了光速在任意参照系下的恒定性。但是洛伦兹变换从本质上来说，仍然是在牛顿框架下将光速不变解释为变换规则下的巧合，而不是光的固有特性。爱因斯坦认为牛顿力学的根本矛盾，在于绝对的时空观。（本书未有注明皆为译者注）

我们测量出的地球与一颗遥远行星的距离，对于一个高速向该行星接近的宇航员来说，该距离会显得更小。相反，根据牛顿的经典力学以及人类的普遍共识，对于较慢的相对速度，L 和 L_0 趋向一致。

如果我们在地面实验室里用相似的方式测量一段持续的时间，比如一天的时间，用 T_0 来标记（24 小时）；我们的一位朋友正在一艘以速度 v 运动的宇宙飞船上，他测出的地球一天用 T 来标记。结果令人难以置信：对于他来说，我们一天的时间膨胀了。也就是说，我们的一天 24 小时对于他来说更长。当宇宙飞船的飞行速度 v 越接近光速 c 的时候，时间膨胀的现象越明显。于是，从远离我们的宇航员的角度来看，我们的动作似乎加快了；相反，从我们的角度来看，宇航员的动作似乎变慢了，就像一部电影里的"慢动作"。因此，在爱因斯坦的相对论里，时间和空间并不像经典力学理论所描述的那样相互独立，而是通过时空概念，紧密地融合在一起。

现在，让我们把上述实验转换成数字，进一步厘清这一现象吧。如果宇宙飞船的速度 v 不到光速的三分之一，也就是每秒 9 万千米，对于我们的朋友来说，他的太空之旅的路程将会缩短 5%。同时，我们的一天对于他来说不再是 24 小时，而是 24 小时 72 分钟。所以，如果你们愿意的话，未来太空之旅将是变年轻的最佳方式。你们好好想一下：如果你们坐上宇宙飞船开启往返一年的太空之旅的话，若飞船的速度达到光速的 99%，那么，当你们返回地面的时候，由于"时间膨胀"的罪过（或是功劳），对于在地面等待你们的朋友来说，时间已经过去了整整7年。应当注意的是：随着飞船速度向光速无限接近，这一效应产生的结果会更加明显。也就是说，当飞船速度从光速的99%提升为光速的99.9%时，时间膨胀的效果将愈发明显。但是，从技术角度来看，类似速度提升的实现过程会越来越复杂。与宏观世界截然不同的是，对于粒子加速器里的微观粒子来说，99.999 99%接近光速运行是一件非常正常的事情。对于"变年轻"这一问题，有人提出质疑：如果按照纯粹对称的原理来分析，宇航员相对于我们是在远离，我们相对于宇航员也在远离，在这一相互远离的过程中，为何说宇航员在旅程结束的时候能够保持年轻，而不是我们？这就是所谓的"双子悖论"。回答是这样的：这两种情况不是等价的。为了提升宇航员和地球之间的相对速度，必须加快宇航员在空中的速度，然后在他返回的时候，给他降速。比如使用火箭推进器，可以加快宇航员的速度。对于宇航员来说，他会明显感受到一种速度的提升，直到达到既定的高速。但是，我们停留在地面上，速度实质并未提升。因此，不能简单地用对称原理来分析这一现象。

让我们回到星际旅程的话题，进一步探讨上述例子吧。首先，我们把1光年（a.l.）定义为光在365天经过的距离，大约等同于95 000亿千米。假设为了到达遥远的星球，宇宙飞船需要航行7光年的路程。现在，对于宇航员们来说，如果他们以光速的99%运动的话，这7光年的路程看上去可能缩短为1光年。因此，星际之旅对于飞船上的宇航员们来说，将会持续更短的时间，而对于地面控制室的工作人员和普通人来说，旅程时间不会缩短。我们之前也说过：当飞船的速度越接近光速的时候，即从光速的99.9%提升为99.99%，或者99.9999%……完成整个旅程所用的时间也越来越短。这是所有讨论的关键所在。直觉告诉我们：如果将飞船速度从光速的99.99%提升为99.9999%，缩短的旅程时间可能是微不足道的。但这样的直觉是错误的，因为随着越来越接近光速，时空的膨胀和压缩效应会越来越大。与此类似，十分微小的速度渐长也会逐渐消耗巨大的能量。

根据以上原理，7光年的一段旅程可能只需要一天的时间。甚至，人类可能只需用很短的时间就能完成从银河系一端到另一端的穿越，而这段旅程距离大约10万光年。但是，人类首先要解决技术方面的难题，也就是为宇宙飞船提供足够的能量，保证它能够加快到接近光的速度。还有一点比较遗憾，航天员们可能无法向任何地球上等待他们的人叙述旅程中的精彩见闻，因为，当他们到达银河系的尽头再返回地球的时候，会发现所有的地球人已经变老了……20万年！

事实上，航天器的高速飞行使得每一次空间探索任务都成为奇妙的时间之旅，它实现了人类在未来旅行的梦想，这是人类一直追求的梦想之一。然而，从实际操作的角度来看，这个梦想比想象要复杂很多，我们还要继续努力。

现在，我们有必要进行一个更有意思的观察，尽管这是一个极端的、无法实现的例子。实验已经证明：随着速度接近光速,航行距离将会极大地缩短。因此,宇航员完成旅行的时间也会缩短。如果一个光子精准地按照光速运动,并且能够"意识"到自己的运动,它就能"感知"到从太空中一个地方移动到另一个相距甚远的地方并没有花太多时间,它甚至"觉得"这两个地方是同时出现的。

然而,我们没办法将自己叠加在光子之上,只能从理论和技术的角度,尝试着探讨如何达到极高的速度。爱因斯坦的相对论预测:如果物质的运动速度接近光速,那么,包括动量、动能在内的一切描述物质运行的动力学变量都会变化。此外,物质质量可以理解为能量的一种度量形式,上述能量度量形式从属于牛顿经典物理学定义范畴。让我们回顾一下牛顿经典物理学中物质的能量和动量守恒定律吧:在一个不受外界干扰的孤立系统中,任一物理过程或化学反应前后,系统的总能量和总动量应该是恒定的。因为,牛顿经典物理定义中物质所具有的动能与动量仅与其质量及速度相关,物质总能量的一部分就是动能。动量的定义式是 $p=mv$,动能的定义式是 $E=1/2mv^2$。其中,粗体标明的变量是矢量,由数值、方向共同决定,比如动量就是由速度矢量推出的带方向的变量。动能则是一种标量,即物质的质量乘以它的速度的平方再除以 2——v^2 在这里也是标量。另外,在物质的动能之外还有一种势能,该能量来自地球引力场的作用。

在爱因斯坦的相对论中,出现了一些令人难以置信的推测。假设我们不考虑势能,比如当我们位于深不可测的宇宙空间中,完全脱离了地球引力的影响,那么,粒子总能量的

17

公式是这样的：$E^2=p^2c^2+m^2c^4$。它由两部分组成，第一部分由动量p即粒子的运动决定，第二部分则令人完全意想不到，它取决于一个事实：在相对论的公式里，时间和空间的坐标是混合在一起的。第二部分的能量形式看上去只取决于粒子的质量。即使粒子是固定的，没有速度和动量，和经典物理学的情况不一样，它也应该拥有巨大的能量：$E^2=m^2c^4$，也就是$E=mc^2$——c^2是一个很大的数字。这是物理学中最有名的方程之一：爱因斯坦定义的质量和能量在本质上是等价的，即质量是能量的一种量度形式，就像体积也是质量的量度形式一样；如果将$E=mc^2$这一公式平方后，就能得出$E^2=m^2c^4$。现在，让我们来思考一个有价值的问题：如果物质的静态质量是零，比如电磁波中的光子，能量公式就要变成$E=pc$。这就意味着对于光子来说，假定光速c恒定，那么它的能量和动量是等价的。对于光子或任何种类的电磁波来说，它们所传递的能量值和频率成正比，和波长成反比。因此，一道X射线或紫外线中的光子能量要比可见光中的光子能量大，更比无线电波的光子能量大很多。我们用一个日常生活中的例子来解释：通常，我们无须担心被氖光灯的照射所伤害；但是，当我们暴露在自然界的紫外线之下，或被X射线辐射，我们就要格外当心。

质量——实际上是能量的汇集，在一个物质或一个粒子的能量组成中是极其重要的。如果反向看质能公式的话，$mc^2=E$也同样成立。微小的质量也能产生巨大的能量，你们想想原子弹爆炸或是核反应堆，在裂变过程中，微量的一部分铀原子消失了，转化为纯能量和其他一些粒子。试想一下，1克的铀元素可以转化为大约10^{14}焦耳（100 000 000 000 000焦耳）能量，这样的能量等同于21 000吨三硝基甲苯（即TNT）爆炸释放的能量，近似于广岛原子弹爆炸释放的能量。

那么，如果从技术层面考虑的话，又是如何给物质提供能量，加快它们的速度呢？让我们从充斥着基本粒子的亚原子微观世界说起，在宇宙大爆炸之后，这些基本粒子也大量地存在于宇宙中。每一种粒子的质量比我们日常生活中最小的物体质量还要小很多倍。我们以质子——这个原子核中的组成单位为例，它们的质量大约是2×10^{-27}克，即0.000 000 000 000 000 000 000 000 002克，比一粒尘埃的质量要小很多很多。正因为这个原因，在粒子加速器的帮助下，我们能不费力地加快质子的速度，直到把它的速度提升到接近光速。从宏观层面来看，这一能量是微不足道的，然而，对于微观物质来说，它又是巨大的。举个例子，千亿分之一焦耳的能量连让一只小蚊子拍打翅膀的力量都不够，却能驱动一粒质子，使其速度99.999 9%接近光速。然而，加速1克含有无数质子（和中子）的物质达到相似的速度又完全是另外一回事：单使其速度倍增，我们就需要天文数字般的能量——约6×10^{16}焦耳，相当于600颗原子弹爆炸产生的能量！

总的来说，光速——一切电磁波中光子的速度——是宇宙中的最大速度。每一个物体或粒子都不可能达到光速，而只能接近光速，这一过程需要消耗逐渐增长的巨大的能量。

这一切都使得爱因斯坦的相对论的研究范畴远远超出经典物理学探讨的那些情况，而且，相对论探讨的都是一些有预兆性的、潜在的、精彩的物理效应。让我们把注意力集中到这些物理效应中，一起想象一下精彩的太空之旅吧！

2

出色的望远镜和显微镜

要打破人的偏见比崩解一个原子还难。

—— [美]阿尔伯特·爱因斯坦

人类所使用的度量单位——米、小时、千克，分别作为长度、时间和质量的单位之一，它们截然不同。此外，还有其他的一些度量单位，可以用来衡量庞大的宇宙结构，或者亚原子的微观世界。人类可以在脑海里迅速描绘出100米、两天、10千克的样子，同时，也能相对精准地对一些数量进行比较，比如两天和1个月、1厘米和1.2米、100克和100千克。如果要为100米下一个具体的定义，人们就会联想到跑完100米所花费的时间。人们也可以用同样的方法给1千米或10千米下定义。如果要形象地表示1 000千米的路程，可能有点复杂，在这种情况下，我们或许可以用乘坐汽车或者飞机的时间来衡量。沿着这样的思路，我们可以衡量不断增长的距离。比如，我们对1万千米的定义是：飞机半天所航行的路程，或是沿着高速公路10天不间断奔跑的路程。

　　达尔文进化论指出，人类在繁衍过程中逐步适应生存环境，即能够使用一些测量设备去探索大自然。然而，在近几个世纪人类对两个极端世界（宇宙和微观世界）的研究中，所涉及的单位量级已经完全超出普通测量仪器适用的范畴和人类认知的范畴。怎样描述384 000千米，也就是从地球到月球的距离呢？从理想状态来看，这段遥远的距离可以被描述为一架假想的飞机不间断地飞行两个星期的航程。当我们被迫将度量单位从千米转换为光年的时候，又怎样具体地去描述它呢？当我们把目光转向身体内部而不是头脑上方的宇宙时，当我们想象极小的微观物质的大小时，同样的问题又出现了：我们难以直观理解百万分之一毫米的原子或粒子的尺寸。

当涉及漫长或短暂至极的时间时，类似的思考会再次出现。1秒钟会让我们联想到心脏的一次跳动；接近终点的百分之一秒的差距会让两个短跑选手分出胜负。1毫秒的十分之一已经让我们难以理解，更何况物理学家所谈论的宇宙大爆炸后的10^{-30}到10^{-20}秒间的生命时刻呢？同样复杂的还有漫长至极的时间：我们的生物属性迫使我们只能感知到几十年的时间，这段时间恰好就是我们生命的长度。如果时间间隔是几千年，是完全无法想象的。那么，从地质时期到现在流逝的时间呢？又或者，从宇宙诞生到目前一共138亿年，这段时间该如何描述呢？就我们人类而言，这完全等同于宇宙一直存在。

我们自然也能将上述思考延展到质量方面，极大的或是微小的质量，并且也能看到自身想象的局限性。这种局限性是由我们日常生活的经历所决定的，或者说是我们的经历限制了思维。最终，我们意识到：对于空间的长度、时间的间隔以及物质的质量来说，不存在某种主要的度量单位。那些活跃在100纳秒内的基本粒子，或是在几十亿年中相遇的星系，如果它们能够感知时间的话，或许会认为自己的时间单位是正常的，而其他的时间单位是极端的、完全无法理解的。同样的道理也适用于空间维度，从极小的亚原子空间到极大的星际空间。

作为21世纪的人类，我们倾向于认为100年是一个很长的时间跨度，在这100年中，会发生无数的持续时间相对较短的事件，它们就像我们生命的节拍器一样。然而，100年、1 000年，甚至10万年内在宇宙发生的事件却是微不足道的，就像一个微秒的亚原子世界出现在我们面前。于是，一旦考虑极端情况，我们那种将人置于宇宙中心的人类中心主义思想不幸崩塌了——当我们思考迄今为止两三千年的人类文明史，并将它与太阳的生命或者大陆板块漂移的相对时间做比较时，就会发现这两三千年是多么微不足道。如果要正确地解读宇宙，需要具有非常强烈的抽象意识。我们需要能够看懂由无穷小的或宇宙般庞大的要素构成的"电影"——时而"慢动作"时而"延时拍摄"，才能很好地理解支配不同的时空领域的自然规律。一切都是相对的，空间和时间尤其如此，这真是千真万确。

尽管人类似乎无法对存在的世界给予一个合理的描述，然而，几千年来，人类一直致力于探索自然，用饱满的热情在两个极端世界展开科学研究，并取得了卓越的成果。回到上述话题，我们应该感激一代又一代人的知识传承，也应该感激人类历史的传承，尤其是书面形式的。正因如此，人类的生命——也可理解为"人文性"——被延长了，它覆盖了漫长的几千年的时光。如果没有历史，没有一代代人的知识传授，每个刚出生的人都应该要从头开始展开对世界的研究，以获取知识。这种情况只会发生在其他动物身上，它们应对外部世界的唯一知识锦囊刻写在自身的DNA中。虽然达尔文进化论提到的十分缓慢的进化过程也会发生在动物身上，每一代动物竟有着相似的知识记忆，但记忆本不能被"进化"。比如，尽管一只被驯化的熊已经学会在马戏团里跳舞，它的这项能力将来并不会传给后代。

因此，人类拥有着得天独厚的传承知识的能力，知识在每一代人的脑海里积累、发展，并由父辈传递给子孙后代。在过去，当人们抬头仰望夜空——一个缺了"骄傲的"、以自我为中心的太阳的夜空时，很快就能制造一些模型来描述它。在古老的年代，人们相信世界被一系列半透明的同心圆所环绕，它们构成了天穹。很显然，与地球这个假定的万物中心相比，天穹是次要的。最早的天文观察已有几千年之久，那时，人们用裸眼观察，也就是不通过任何的辅助仪器观察。天文观察很早就认为夜晚的宇宙是无限的——至少在这方面，古人是有道理的：如今，我们很清楚地知道宇宙比古人认为的还要大很多。而且，除了浩瀚，古人也明白宇宙空间本质上是虚空。

"虚空"的概念在众多世纪中得到了发展。要知道，"虚

25

空"是作为哲学上的一个抽象概念首次出现，是纯粹基于逻辑上的合理性考虑而被创造的。在公元前5世纪，德谟克里特提出的原子论就将存在与充实、非存在与虚空联系在一起，存在等同于物质，或多或少被充实的原子填满。此后，亚里士多德的争辩否认了虚空的存在。再后来，沿着亚里士多德的路径，人们提出了一个非常出名的论断，认为自然界"畏惧"虚空，因此，它不断地将自己填满，直到所有的空间被物质占据。人类第一次真正地用科学方式探索自然界要到1644年，在那一年，物理学家埃万杰利斯塔·托里拆利从一个特定的容器中抽取了一部分空气，从而展示了大气压的存在，随后又展示了物理学意义上"真空"的存在。不久以后，人们观察到随着高度的提升，大气压会降低，因此，在高海拔地区应该可以证实真空的存在，或者，如果按照今天的说法，在宇宙空间中可以发现真空。然而，即使是这样，我们也不能绝对地看待真空存在的问题，非黑即白、非空即满的处理方式是不对的。真空并不是绝对存在的，我们脑海里通过直觉轻易形成的想法不够正确。你只要想想在星际空间中，每10^{30}立方厘米的体积中仍有1克气体（通常是氢气），这样的体积相当于一个边长为地月距离三分之一的立方体的体积！即使在极端条件下，当我们能够去除多余的气体时，在每立方厘米的星际空间中，我们仍可获得大约300个中微子，以及极大数量的光子、暗物质和暗能量。（关于这些布满宇宙的奇妙的基本粒子，我们后面会简短介绍。）

随着人类对外太空的研究逐步深入，以及天文学和天体物理学的发展，通过利用越来越先进的科学仪器（比如望远镜），人类终于实现了小小的认知突破。无论在空间还是时间方面，人类探索宇宙的步伐都越来越深远。向高空观望，我们发现了一些来自过去的信号，比如光。许多人都知道：我们此刻观察的一颗星星正是它100年、1 000年，甚至100万年前的样子，这不同的年份根据它距离地球的远近得出，它和地球的距离通常以光年表示。为什么我们看到的星星是若干年前的样子呢？那是因为星星发出的光恰好经过了那段（有限的）时间才到达我们这里。光走过的路程很远，该路程将我们与星星远隔。因此，将目光投向更深远的地方能使我们观察到更古老的事物。正因如此，一张星空的照片能将相隔久远，甚至数十亿年的各种事件融为一体。

　　我们必须意识到，通过恒星散发出的肉眼可见的光芒探索宇宙仅仅是聪慧的科学家们使用的方法之一。这种方法可以追溯到伽利略时期，他用自己发明的望远镜实现了早期的天文观察。光的辐射——或者相同波长的电磁辐射，在本质上受到各种因素的制约。首先，光信号的衰减与距离有着密不可分的关系。如果光线来自远方光源，距离越远，强度就越弱，这无疑限制了对远距离物体的细致研究。此外，地球的大气层和光污染也是限制观察的因素。在干旱的南美洲沙漠，通过大型望远镜，人们才能较好地进行观察。或者，更先进的方式是在轨道卫星上放置天文望远镜，比如著名的哈勃空间望远镜。

从辐射波长方面来看，可见光（可见电磁波）仅是整个波谱的一小部分，它的波长范围约为400纳米—700纳米。无线电波的波长范围从不到1厘米延伸至几十米，它是遥远的宇宙发出的另外一种可能的讯号。很多天体都发出无线电波，使得人类观察天空又多了一种方法，即运用射电望远镜。此外，天文学家们也对波长比可见光短一些的电磁波进行了广泛的研究。人类可以观察紫外线的天空，或者X射线、伽马射线的天空，甚至观察充满更高能量的射线的天空。很多天体都能辐射能量密度极高的X射线或伽马射线，如此的高能量会导致一系列灾难性事件。比如，最主要的问题是这种辐射可能与星际气体和宇宙尘埃相互作用，使得在识别远距离的光源时失去了分辨性和方向性。一些粒子比如质子，在星系间巨大的"宇宙加速器"中获得超高能量并释放，产生了爆炸，比如超新星的爆炸，整个过程中电磁辐射的威力是巨大的。关于粒子，我们后面会讲到，一同要讲的还有两个重要内容，它们对于探究遥远的宇宙来说十分重要，那就是引力波和中微子。近些年来，在天体物理学方面，人类真正伟大的觉悟就是多信息源齐头并进去观察，通过分布在世界各地的探测设备，同时观察同一个宇宙源头发出的不同信号。比如，将无线电和光学信号结合在一起看，以及和诸如中微子等粒子的信号一同观察。

现在，让我们迅速转换话题。20世纪，科学家们开始从探索无限大的宇宙过渡到无限小的微观世界，即原子和亚原子的世界。在那时，我们才意识到自己的观察力和想象力是多么的局限。我们在观察和想象一个比太阳远1亿倍的天体时遇到了极大的困难。同理，当我们想象一个比沙粒小100万倍的物体时，也会遇到同样的困惑。

在物质的内核深处究竟有什么呢？一张越来越小的结构网，或者我们可以说，就像微缩版的俄罗斯套娃。第一层是晶体，第二层是分子，即短期或长期稳定结合在一起的原子。一个特定的分子不仅是一些独立原子的结合体，还意味着更多特性。（比如，"水分子"在化学用语里被称为"H_2O"。它由两个氢原子和一个氧原子组成，但它的特性绝对不是独立的氢原子和氧原子特性的简单叠加，而是一个复杂的化合物。）第三层是原子，通常它是人类能够认知的构成物质的最小结构。一共大约有120种原子，有一些原子既是宇宙的重要组成元素，如氢和氦，也是地球生命不可或缺的元素，如氢、氧、碳、氮、磷等。

原子也有内部结构，这与第一批提出原子论的古希腊哲学家的想法恰恰相反。尽管如此，当20世纪初物理学家和化学家们开始研究分子和原子，并发现亚原子粒子弥散于"空"中的时候，他们再次感到震惊并迷失了方向。假设一个氢原子的大小，或者说它的电子平均运动轨道的长度（该电子围绕唯一的质子做高速运动）和一个大型足球场的外周长等同，那么，该电子比一粒尘埃还要小，原子核的大小则如同撒在足球场中心小餐碟上的一粒胡椒。因此，原子体积的99.999 999 999 999 9%都是空的，质子和中子的

99.999 999 9%也是空的。质子和中子就像原子一样，并不是基本粒子，它们也有内部结构。这是20世纪70年代物理学家们的伟大发现，他们利用第一代大型的高能粒子加速器做实验，得出了这一结论。

在质子和中子内部，存在着一个微小的物质，它们之间剧烈碰撞，就像笼子里的猛兽一样：它们就是夸克，是构成物质核心的基本单位——物质的核心由质子、中子以及大量"奇异"的粒子组成，这些奇异的粒子来自宇宙大爆炸不久后的遥远年代，而我们现在的实验正将它们展示出来，哪怕展示过程只有一瞬间。因此，物质结构就像套娃一样，在每一个娃娃内部，还有另外一个更小的娃娃。然而，还有一些我们已知的粒子，完全呈点状散布在宇宙中，没有内部结构：比如电子，它是一个轻盈的粒子，带负电，是构成原子的单位，围绕原子核运动；还有中微子，它的质量比电子小很多，不带电，自宇宙大爆炸以后它就存在于宇宙中，而且十分常见。如果以中微子的质量作为基准来衡量，那么电子的质量将是100万，而质子或中子的质量则是20亿。

我们每天生活在巨大的悖论之中，即人类的位置具有双重性，这令人意想不到：在宇宙空间中，我们是多么微不足道；而在微观世界里，环绕在我们四周，甚至组成我们的物质就是原子，在原子的内部，有一部分区域是实实在在的，即原子核，剩余的部分就像一颗微粒，飘浮在相对巨大且空旷的空间里。那么，如果世界是由虚无构成的，它靠什么来维持形态呢？是什么赋予了物质表面上的坚硬感？至少对于固体来说，它就是真实的、有硬度的物质。既然我们、墙本质上都是虚空的，为何我们不能穿透墙壁？

现在，让我们尝试着给出第一个回答：让物体具有硬度的原因是组成原子的各种粒子之间、比粒子更小的微粒之间的相互作用力，这种力无论是相互吸引还是排斥，都会阻止粒子自由地接近或远离，从而确定好它们在固体内的相对位置，这样，一个坚实、稳定的结构就出现了。在粒子物理学术语中，这种力被称为粒子的相互作用力，它在微观世界里发挥着主导作用，类似于经典物理学中物质的作用。

就目前所知，在自然界中存在四种基本作用力，分别是引力、电磁力、强力和弱力。在这些作用力中，第一个被人们认知的是引力，但其作用效果并不明显，至少在基本粒子的世界里是这样的。例如，如果和两个电子的（同种）电荷产生的相互排斥的库仑力相比，这两个电子之间的吸引力完全可以忽略不计。我们可以说，粒子和宏观物体的质量产生了引力，就像电荷产生电磁力一样。但是，在大部分实验中，电磁力的强度大约是引力的10^{37}倍，这就解释了为什么两个电子之间的排斥力远超微弱的引力。

然而，引力的微弱性看上去又有悖于行星、恒星和星系间清晰可见的作用力，也有悖于地球吸引所有物体向地心靠近的强有力的作用力。物体因为具有了质量而坠落，地球和太阳相互吸引，而且，多亏了两个天体之间引力的作用，我们的地球才能位于一个周长365天的轨道上围绕太阳转动。

此外，引力的一个非常重要的特征是它可以控制物体的运动，这和电磁力相同。根据规律，它也能作用在两个相距甚远的物质上。当两个相距几十亿光年的原子缓慢地靠近时，它们各自能"感觉"到对方的存在，尽管只是微弱地感觉到。引力的作用也可以发生在任意几个相距甚远的星系之间，这些星系不可阻挡地相互吸引，即使命中注定的相遇可能发生在几百万年以后。尽管如此，正如前文所说，当我们把引力和单个的粒子联系在一起时，引力的作用又是最微弱的。1千克的铁很重，仅仅是因为它包含了10^{25}个原子，每个铁原子由26个电子和56个质子和中子组成，这是铁最常见的原子（同位素）类型。我们知道，一个特定元素的原子具有相同数量的电子和质子，称为"原子序数"，而中子的数量会根据原子序数的数值进行变化。根据中子数量的不同，一个元素可以有不同种类的同位素，因此，它们原子的质量也是不一样的。

类似的思考也适用于强核力，它使质子和质子、中子和中子、质子和中子（以及这些粒子内部的夸克）紧密地结合在一起，也是使这些粒子结合成原子核的强大作用力。它的力度之所以很强，是因为它要"战胜"质子间的同种电荷产生的反向的排斥力。如果不是这样，电磁力可能会阻止稳定的原子核的形成，也就会阻止我们通常所见的物质的形成。使两个质子相互结合的强核力大约是使同等距离的它们相互排斥的电磁力的100倍。

在自然界中存在的第四种作用力是弱力。它可能是最奇特的一种力，也可以控制β衰变。β衰变是一种反应现象，比如，在一个放射性元素的原子核内，一个中子可以转变成一个质子、一个电子和一个中微子。同样，弱力也可以影响太阳以及宇宙的其他星辰的运行。所有的粒子都受到弱力的影响，当然，顾名思义，如果质子之间距离等同的话，弱力的强度大约比电磁力小10万倍。弱力只有在其他力不活跃，或者在理论条件下，其他力不存在的前提下（这些理论条件如今被证明是可行的），才能起到支配作用，或被测量出来。说到这儿，请你们看看科学用语的严谨性：一个物理原理或定律始终是正确的，直到出现反驳它的论证！

然而，关于物质实质上的坚硬感的问题还是没有得到答案。那么，让我们通过一个例子，尝试着往前再迈一步。如果我们想要让手穿过一堵墙，就会施加一个压力，它使得构成肢体表面的原子中的电子和墙体水泥的电子发生碰撞。肢体和墙体均拥有一个有序的、严格的结构，它们的原子之间的联系非常紧密，这和液体、气体的情况不一样。和众多电子的吸引力并存的是它们之间的排斥力，它非常强大，阻止了手和墙的相互穿越，尽管两者本质上都是虚空的。实际的情况更加复杂一些，根据由量子力学占主导地位的原子物理学的规律，不可能极度地压缩原子，缩小电子和原子核之间以及不同的电子之间巨大的空间，因为这是由微观物理学的特性所决定的。微观粒子运动的基本规律遵循"泡利不相容原理"（principio di esclusione di Pauli），在宏观世界中没有与之相对应的其他原理。让我们用最简单的比喻来解释一下：相同的粒子，比如电子，它们不可能同时处在相同的空间位置中，或者拥有同样的能量。在原子中，每个单独的粒子都有自己的位置，这些位置就仿佛预先为它们准备好的小格子。一旦我们试图破坏这个规律，将可能产生巨大的力量阻碍发生的一切。奇怪的是，神秘的量子力学原理却允许其他的粒子(比如光子)一个个堆积在一起，并一起进入同样的"格子"，这与泡利原理中的粒子的情况相反。

很明显，在宏观世界中，尤其是和我们日常生活息息相关的宏观世界中，谈到一切和力相关的运动和结果时，都不可避免要谈引力和电磁力。坠落的物体或是在轨道中运行的卫星均受到重力的影响；机械压力、化学反应、原子形成分子、火、爆炸等，所有过程的最后一刻，都和电子、质子之间的电磁作用力相关。在上述很多情况中，力作用在大量的粒子集合体上，这比单独地作用在每个粒子上的效果大很多。如果没有奇异的微观粒子世界以及苍穹中闪烁的繁星，我们当然不需要再谈及另外两种力，即弱力和强力了。

四种基本力的作用半径也相差甚远。正如我们之前讲的那样，在短距离内，引力和电磁力的作用效果很明显，它们可以一直延续到无尽的距离，尽管强度会减弱。在特定情况下，在原子核内，只有当粒子距离比 10^{-13} 厘米还小时，强核力才能被感知到。弱核力的作用半径就更小了，只有当粒子之间的距离小于 10^{-16} 厘米时，它才能起作用。恰恰是因为对距离的要求非常苛刻，人们几乎感觉不到它的存在，因此，它的强度也极其微弱。

随着距离的不同，各种作用力的强度的相对关系也会变化。对于极其小的距离来说，弱力甚至比电磁力还要强。如果距离更小，引力也可以变得非常强大（我们即将看到，这些情况只发生在宇宙大爆炸后的片刻，或发生在关于高能粒子的实验中）。基本粒子物理学的主要成就之一就在于：它发现了在宇宙初期，在大爆炸后的瞬间，电磁力和弱力一同构成了一个统一的作用力。这个发现使得人类最初的假设变得合乎逻辑，人们最初认为，如今自然界中存在的四种基本力可能是合成了一股力。于是，该发现展示了所谓的"大统一理论"的存在，它是几个世纪以来几代科学家和哲学家所渴望的。这个超级理论认为，我们如今知道的四种基本力在宇宙诞生的最初时刻，会迅速地分离，能量密度会减弱，同时获得不同的特征，包括不同的强度、不同的作用半径，这一点，我们在实验中已经证实。在20世纪60年代末期，初步的讯号已告诉我们：类似的假设是合乎情理的。谢尔登·格拉肖、阿卜杜勒·萨拉姆和史蒂文·温伯格在那时提出，电磁作用力和弱作用力实际上是统一的一股力，被称为"电弱力"（elettrodebole）。在后来的几年里，电弱统一理论被进一步成功证实，这要归功于坐落在日内瓦的欧洲核子研究中心（CERN），在该实验室里，科学家们完成了很多重要的实验。

尽管经典物理学用一种统一的方式诠释了物质的运动和

万有引力理论，将力学和热学、电学和磁学合并在一起，然而当涉及规模更小、更深入的微观世界时，它却无力给出充分的解释，这也恰恰是研究微观世界的复杂性所在。经典物理学甚至无法解释一个简单的氢原子的运动规律。而量子力学却能描述出原子和粒子那非同寻常的世界。20世纪初，在众多知名物理学家的贡献下，量子力学开始发展起来，它的诞生就是为了去解释实验中那些令人难以理解的现象。其中一个具有象征意义的事件，就是细致研究了所谓的"黑体谱"（spettro energetico del corpo nero）——"黑体"是一种在理想状态下释放热量、发出电磁辐射，却能吸收所有入射的电磁波的物体，这在经典物理学看来是无法解释的。量子理论，就像许多现代物理学理论那样，很明显是反对直觉的，它颠覆性地改革了经典力学。量子理论以一些复杂的、存在各种可能性的概念为基础来描述物体，包括行星和恒星，这与经典力学是不同的，因为经典力学的特性是确定的、固定的。另外，从我们的直觉来看，量子物理学是很难被消化吸收的，我们习惯了几千年来统一的感知世界的方式，当面对量子物理学时，总是难以适应。

我们再来看一个例子。人们发现：最简单的原子，即氢原子，只有由一个质子构成的带正电荷的原子核和一个电子组成，电子围绕原子核旋转。它在宇宙中大量存在。事实上，如果基于经典物理学，即19世纪末的物理学的概念，难以解释原子的稳定性，因此很容易推导出原子不存在的错误结论。电子是一种带电的粒子，它围绕质子做高速运动。根据电磁学原理，电子应该会辐射出光子，因此，它会失去能量，而这显然不会发生在一个围绕太阳转动的行星上。这一现象可能还意味着在极短的几分之一秒后，电子将耗尽所有的能量，落在原子核上，结果是宇宙中所有的原子都可能消失。这一过程显然不会发生在地球——太阳系统中，为了解释缘由，必须引入量子力学的方法。量子力学认为：围绕原子核运动的电子都拥有自身空间，我们称之为轨道，在轨道上，电子的能量值是确定好的，因此是稳定的。电子不会失去，也不会获得能量，我们的氢原子就在那儿，几十亿年来都在那儿，稳定且精确。不过，电子吸收能量向高能级轨道跃迁仍可以发生。电子处于高能级的状态叫作"激发态"，在激发态下的电子是不稳定的，它迁移至较低（稳定）能级的情况时有发生，同时释放出能量。所有能量的损失或增加是"量化"的，这部分能量只能取基本单位的整数倍，即能量释放是离散而非连续的。使电子在不同能级之间跃迁的量子是光子，它是一个没有质量的、以光速运行的粒子。光，就像所有的电磁波一样，可以被理解为一个粒子流。光波同时具有波和粒子的双重性质，与基本粒子类似，这种双重特性是量子理论研究的基本点之一，也是该理论的独特性之一。

粒子物理学非常有趣的一个方面在于它始终在探索宇宙最极端的情况，无论以时间还是空间为尺度。我们猜测：用强大的天文望远镜、光学仪器或无线电能使我们仔细地观察宇宙结构，了解遥远年代天体的特征，理想条件下甚至还能看到宇宙大爆炸后瞬间的天体特征。然而，这一切都是不可能的，因为宇宙处于完全黑暗的状态，直到它诞生38万年后，才开始出现第一种颜色。因此，如果要观察和研究"年轻"时期的宇宙，需要转变思维范式。就在那时，粒子物理学拯救了天文学，帮助它从僵局中解脱出来。粒子物理学的方法是在实验室里建立一个微缩宇宙，来模拟宇宙大爆炸后的瞬间，研究遥远时代的宇宙特征。这是一个真正的克隆宇宙！要做到这一点，我们需要用到粒子加速器，就像如今放置在欧洲核子研究中心里的那些装置。那些粒子极其微小，而且只存在一瞬间，却足以使我们模拟宇宙大爆炸的瞬间，并拍下十分珍贵的照片，这些照片具有不可估量的科学价值。

让我们回顾一下物理学家们在位于欧洲核子研究中心的大型强子对撞机（LHC）上完成的实验，它是迄今为止最大的粒子加速器。简而言之，通过快速变化的电场，大量质子被赋予了能量，它们在一个长的圆形真空管中激烈运动。通过加速，质子很快就达到了接近光的速度，因此，如果继续加速的话，质子的速度不会再进一步提升。然而，如果继续赋予它们能量的话，它们的能量还会进一步增长。达到最高能量后，我们让质子束和来自反方向的质子束相互碰撞。在碰撞的瞬间，虽然总能量在宏观层面上可以忽略不计，但在微观层面上却能产生极高密度的能量（以每单位体积的能量来统计），它如此之高，如同宇宙大爆炸后一瞬间产生的能量。如果我们继续提高质子碰撞时产生的能量，我们将可能复现更"年轻"的宇宙的状态。至此，根据科学原理，我们得出的结论是：通过不断赋予质子能量，我们能无限接近宇宙大爆炸时那精准的一瞬间。可惜的是，以上实验在本质上是行不通的，为了到达那无限小的一瞬间，我们还要付出巨大的努力，克服巨大的技术障碍，实际上这仍是无法实现的难题。

在欧洲核子研究中心，当强子对撞机里的质子提速并碰撞时，它们达到了一个极高的能量，尽管该能量的绝对值在宏观层面上可以忽略不计，却展现出宇宙超热时期的能量密度，那时的宇宙只诞生了不到千亿分之一秒（1皮秒）。在那个遥远的时期，如今存在于千万亿星系中的能量都汇聚在一个无限小的空间里。我们熟知的物理原理，数十亿年来一直行之有效，它来自至今仍很神秘的宇宙生命初期的刹那。那时的宇宙能量和大小随着时间的改变而迅速变化。每倒退一小步，例如从时间开始后的千亿分之十到千亿分之一秒的倒退，都会打开众多未知的宇宙画面，这些画面传递出无数的信息，富有巨大的价值，造成这一变化的恰恰是不同的能量密度或温度。

尽管上述实验非常重要，且十分有趣，它只是高能粒子物理实验的众多目标之一。另一个重要的目标是研究物质内部的微小结构。粒子的"微小性"意味着不可能观察到它的内部结构，它的形状就像一个个小点。对于一个呈现出非点状的粒子来说，我们可以假设它在某种程度上是可被分割的，并指出它的构成要素。根据人们的普遍认知，观察或识别某种物体意味着观察从一个光源产生的、由它反射的光。这束光照射到我们的视网膜上，或是照射到某种仪器上，比如照相机或显微镜。要做到这一点，就必须使反射波的波长明显短于要观察的物体的大小。这就是为什么我们能通过可见光（它的波长约为0.4至0.7微米）观察到细菌和病毒，却无法观察到一个分子或原子，因为它们的直径通常小于光的波长的千分之一。

因此，人们把某一辐射波的分辨率定义为它能观察到的最小尺度。这样的尺度与波长成正比，与辐射波所携带的动量成反比。从这点来看，如果要观察很小的物体，就必须使用高能电磁波：因此，我们的观测仪器的分辨率将随着辐射波能量的增加、波长的减小而提高。

上述这些概念可以延伸到量子物理学领域，与粒子相关的波长被称为"德布罗意波长"，该名称以20世纪初的法国物理学家德布罗意的名字命名，他首次提出了物质波理论。每一个基本粒子都拥有双重特性：第一特性是经典的粒子属性，即通常的物理特性和变量；第二特性是波的属性，就像电磁波那样。一个具有足够能量的电子，根据它的自身波长，可以"看到"一个原子、一个质子或另外一个电子。我们以电子显微镜来举例，其中电子束取代了光学显微镜的光源，电子的波长比可见光的光子的波长短几万倍，从而使电子显微镜观察到常规显微镜无法触及的维度，它甚至能识别出微小的病毒或分子结构。

需要注意的是，上述"看"的概念是广义的，尤其是当我们谈到极短距离的高能散射时。在物理实验室，科学家们用电磁（光子）或粒子（电子、质子、缪子或中微子）探测器来观察他们想要研究的物质结构，通过测量粒子碰撞之后散射的动态特性和运动轨迹来揭示粒子间相互作用的结果。例如，如果我们用粒子探测器来观察一个原子的结构，它的动量并不足够高，那么这个原子就是最基本的，我们无法指明它的内部结构。但是，当一个粒子具有了我们在大型强子对撞机上赋予它的碰撞后的典型动量后，我们将可以观察到大小约 10^{-14} 厘米的内部结构，相当于质子直径的十分之一。通过这样的结果，我们可以证实质子并不是基本粒子，但是电子却是基本粒子，它的大小只有 10^{-16} 厘米。

至此可以看到，我们拥有非凡的望远镜和显微镜，我们的科学仪器如此强大，它们能帮助我们突破认知的极限、超越未知。下面，就让我们把视线转向无限的宇宙，我们即将出发在宇宙中航行。首先，让我们回到宇宙诞生之初那个变幻莫测的时刻吧。

3

宇宙多么浩瀚

　　宇宙无边无际，在宇宙面前，人类只不过是一粒粒微小的尘埃，生活在同样微小的星球上。然而，当我们越感受到自身的渺小和无力时，我们就越能为人类所取得的成就感到惊喜。

——[英]伯特兰·罗素

我们的宇宙的确很大，同时，它也很"老"（对于我们人类来说很"老"，不过，正如我们将要看到的，它仍会有很长时间的生命），因为从它诞生的那一刻起，已经过去了足足138亿年。在它诞生之前，时间一直无穷无尽，或者说不存在时间。在剧烈的宇宙大爆炸时，瞬息万变的时间产生了，一同产生的还有空间。在时间的开端，大爆炸释放的巨大能量在瞬间产生了大量的粒子，它们构成了如今宇宙中的一切：星系、恒星、黑洞、星际气体、行星、生物物种和我们人类。时空的诞生使"宇宙之前有什么"的问题变得毫无意义，而关于"大爆炸为什么会发生，是什么导致了它的发生"的问题也一直没有定论。

　　大爆炸在无声中进行。试想一下，在没有介质的情况下，爆炸怎么会发出声音呢？就好像没有空气，声波如何传播呢？同样令人难以相信的是，这次有史以来最大的爆炸还发生在黑暗中。其实，光子在宇宙诞生的瞬间就已经大量弥散在空中，但是当时的空中充满了密集又奇特的物质，使得它无法传播。大爆炸产生了无尽的堆积在一起的基本粒子，光子一产生，就立刻被吸收。因此，这是一次非常独特的爆炸：无声且黑暗，尽管爆炸释放出了巨大的能量。那么，是谁或何物将会欣赏到如此震撼的"烟火"呢？必须等到超过100亿年后（至少地球是这样），才会诞生生命，他们能够发现电磁波或是构成光辐射的光子。

我们似乎难以探讨最初的那种奇特状态，那个 $t=0$ 的无限小的瞬间，在那一瞬，由于某种未知的原因，存在着无法衡量的巨大能量——也许是一个巨大的量子波动，一个从虚无中、从量子真空中随机生成的巨大能量。人类和科学似乎捕捉不到万物的起源，只有众多的神秘假说和幻想场景萦绕在我们脑海里，所有这些假说显然都是无法证实的，也不会令人满意。事实上，这些假设和幻想把关于万物起源的解释归于他时、他物，并自发产生了一个基本问题：谁创造了造物主。人类渴求探索未知，而自然似乎为我们设定了一个不可逾越的鸿沟。然而果真如此吗？或许我们还需等待数十年或数个世纪，但是我们认知的脚步从不停歇。就在100年前，还没有粒子加速器，我们对量子力学和宇宙的规律一无所知，对自身和自己的大脑更是知之甚少。因此，我们创造了很多有意思的假说，目前为止都无法得到验证，例如振荡宇宙、负数时间、多重宇宙等。我们试图在理论上做出各种尝试，以使我们越来越接近万物起源的奥秘，并触探到我们最深层的"根"。

大爆炸后的一瞬间，宇宙开始呈现出一些特征，尽管那是一个极其复杂的场景，如今我们仍能辨别出一些奇妙的画面。

我们现在所处的时间是大爆炸后的 10^{-43} 秒。

可惜的是，即使我们已经付出努力为解释那一瞬间的物理现象提供理论假设，我们的解释仍要经历严峻的考验。宇宙如此之小，小到我们无法想象；我们甚至不懂用数学方法辅助科学理论，去描述新生宇宙的特性；物理学是未知的，所有的解释都是徒劳的；对于我们的大脑来说，一切都难以理解。那时，能量密度极高，温度达到成百上千亿度。引力已经出现了，但是我们还不知道是怎么一回事：它可能和"大统一理论"中的其他力合为一体。也许，正如一些理论预测的那样，有 10 个空间维度，而不是如今我们实验证明的 3 个维度。量子力学和引力理论互相冲突，时间和空间被所谓的量子泡沫填满，在其中波动、起伏。一些衡量时空的概念消失了，"此前"与"此后"混淆、"这里"与"那里"混淆。同样，"原因"和"结果"也混淆在一起，实际上这没有任何意义。

在大爆炸后的 10^{-36} 秒，发生了一件对于宇宙的未来，尤其对于人类来说非常重要的事件。大爆炸时，产生了相似数量的物质粒子和反物质粒子（我们将在后面详细讨论），而在 10^{-36} 秒时，它们的数量变得不一样。在那一瞬间，超重中微子的某些反应使得之前的数量平衡被打破，物质的数量略多于反物质。这一微小比例的多余物质在正反粒子对剧烈的湮灭过程中"幸存"下来，并且，从湮灭中产生了大量的光子。未与反物质相匹配的多余物质将构成整个宇宙，如今，在宇

45

宙中，反物质看上去仍然不存在。我们确实要无尽感激这一事件：从构成宇宙的最初物质中产生了恒星、星系、行星、地球上的生命以及我们人类。如果缺少那一小部分多余的物质，宇宙将被数量惊人的光子所笼罩：那将会是一个沉闷、可怜的宇宙，它几乎永远无法进化，产生生命和意识。

在大爆炸后的 10^{-36} 秒和 10^{-32} 秒之间，在如此短暂的瞬间，这个刚刚诞生不久的时空又完成了一次巨大的扩张，也就是所谓的宇宙膨胀。从此之后，宇宙开始进入一个迅速且汹涌的膨胀阶段，仿佛被第二次大爆炸所推动，而这第二次大爆炸比第一次还要威猛。新生宇宙的空间正在以远大于光速的速度膨胀——这没有任何问题，因为宇宙空间可以以任意的速度膨胀，这和填充它的物质的速度不一样，爱因斯坦的相对论指出，宇宙中物质的速度是不可能达到光速的。宇宙正在呈指数级生长，它几乎在一瞬间从一个无限小的体积扩张到直径几十厘米的大小：如果用火球来做比喻的话，它就是人类能够想象的最炽热的火球。这样的膨胀就像一个DNA分子在一瞬间变得和我们的银河系一样大。

还有一个无限短暂的瞬间值得一提，就在那一瞬，我们进入了宇宙中一个未知的"房间"，观看了一场宇宙中不可思议的"视频动画"。从 10^{-32} 秒到大约 10^{-11} 秒之间，希格斯场首次出现，它作用于所有粒子，开始减缓它们的运动，赋予它们质量。在那之前，严格来说，所有的粒子就像光子一样没有质量。这是对于宇宙的未来和我们来说都举足轻重的事件，正是通过希格斯场的作用，粒子的质量产生了，也使得我们最终有能力在此讲述宇宙的故事。正因如此，我们的实验观测极限要设置在大爆炸后10^{-12}秒这一无限小的瞬间，这非常重要。这也意味着在我们的粒子物理实验室里，特别是在大型强子对撞机中的高能质子的碰撞瞬间，我们能够还原与宇宙早期相似的能量密度，即大爆炸后的千分之一纳秒时的能量密度。就像我之前所说的那样，大型强子对撞机实际上是一个时间机器，它能在实验室里重现微型的宇宙大爆炸，让我们更好地了解宇宙生命中那些关键的瞬间。在那一刻，宇宙已成形了，它相当美丽，其中布满了各种粒子，它们构成了如今物理学家们所称的"基本粒子的标准模型"（Modello Standard delle Particelle Elementari）。那一时刻的能量是如此之高，以至于质子和中子分裂成它们的内部结构：夸克和胶子，后者在强相互作用方面类似于光子。

如今，当我们探究了宇宙刚刚诞生的状态之后，我们才能说，基本粒子物理学唤起了人类对于遥远年代的宇宙的记忆，而标准模型理论可以很好地解释基本粒子物理学中的一些重要概念。这一理论包含了详细的解释性图表，它从20世纪60年代开始发展起来，在那时，我们还没法在实验室里重现具有象征意义的微型大爆炸，展现出模型本身所描述的那个粒子世界。现如今，理论大厦中唯一的一条裂痕便是发现了中微子振荡[i]，这一过程使得中微子从一种类型嬗变为另一

---

i 中微子振荡无论对理论物理还是实验物理而言都是相当重要的，因为这意味着中微子具有非零的静质量，这与原始版本的粒子物理标准模型不相吻合。

种类型。中微子是一个很重要的粒子，我们在后面会简要介绍。除了这一点，整个理论运行得非常顺畅。因此，很自然到了最后阶段，物理学家们开始致力于对该理论的有效性进行决定性的证明：存在某种粒子，它能够赋予其他粒子以质量，如果没有它，其他粒子就只是能量的携带者，它就是所谓的"希格斯玻色子"（bosone di Higgs）。

1964年，有几个研究小组几乎同时独立研究出希格斯机制，其中一组为罗伯特·布绕特（Robert Brout）、弗朗索瓦·恩格勒（François Englert）、彼得·希格斯（Peter Higgs），另一组为杰拉德·古拉尔尼克（Gerald Guralnik）、卡尔·哈庚（Carl Hagen）和汤姆·基博尔（Tom Kibble）。我们说，在空间的某个特定区域中，存在一个场，它施加给在同一区域的粒子某种作用力。希格斯机制指出了希格斯场及其相关的玻色子的存在：希格斯玻色子就是著名的"上帝粒子"，这个名字来源于利昂·莱德曼（Leo Lederman）的书名，是为了强调这个粒子所发挥的绝对特殊的作用：它弥漫在整个宇宙中，通过作用力，赋予其他基本粒子以质量。说句题外话，莱德曼最初将该粒子命名为"该死的粒子"（The Goddamn Particle），因为物理学家们难以找到它（可能出版商认为不妥，遂改成了"上帝粒子"，这一名称所带来的媒体影响力显然更广泛）。

希格斯场和希格斯玻色子的概念类似于人们所熟知的由电荷产生的"场"和光子的概念——光子也是一种玻色子——它是一种介质，或者说它是一种粒子，在两个带电粒子之间传递相互作用，使得这两个带电粒子"相互感觉"到一种电磁力的作用。换句话说，当我们谈论以某种力形成的场作为媒介相互作用时，就相当于谈论粒子之间相互作用，交换在该场的量子。在两个带电粒子之间传递相互作用的光子实际就是电磁场的量子。

让我们回到理论部分，希格斯场赋予其他粒子质量的方式十分复杂。然而，我们可以试着撇去一些较为专业的内容，通过描述其他的基本粒子、电子、夸克等的行为，总结一些简单且关键的信息，从而领会希格斯机制的核心。例如，存在一种缪子场，缪子是微观世界的粒子之一，在宇宙大爆炸后不久，它就充满了整个宇宙。如今，这个场无处不在，但在寒冷的宇宙真空中，温度和能量几乎为零，它的密度也等同于零。在真空中，唯一能唤醒缪子场的方法是赋予它能量，从而激发它。这就是在我们实验室的粒子加速器中完成的实验：在加速的粒子之间碰撞的瞬间，巨大的能量汇聚在一起，产生了一个激发态的场，就像一块掉进池塘里的石头，激起了浪花。这样激发的状态赋予缪子场中的一个量子（即缪子）以生命，它开始在时空中独自运动、扩散，然后衰变为其他的粒子，再次消失。

对于电子、轻夸克和中微子这些所谓的稳定粒子来说，运动机制又不相同了，它们不能衰变为更轻的粒子。轻夸克构成了原子核的质子和中子。如今，我们发现这些粒子在宇宙中呈自由状态。电子、轻夸克和中微子是普通物质的组成元素，这些普通物质又由原子组成，充满了整个宇宙。另外一些奇异的粒子场——缪子、陶子、重夸克等——在真空中难以寻觅，除非有某物对它们进行局部激发（如上述例子），给予它们能量并创造一个量子，该量子才能作为一个真正的粒子被观察到，尽管可被观察的时间短暂至极。

希格斯场在大爆炸后的 10^{-11} 秒也遍布于宇宙，那时，宇宙中已经出现了我们如今所知的一些基本粒子场。这个情景就像一团水蒸气迅速凝结后，形成了海水，瞬间流入一片干涸的土地。水蒸气在100摄氏度以下会凝结成水；当宇宙的温度下降到低于 1 000 000 000 000 000 摄氏度（10^{15} 摄氏度）时，就会产生希格斯场。在那之前，希格斯场的密度很小；所有的基本粒子质量为零。从宇宙开始注满"希格斯之水"后，基本粒子开始与新生的场相互作用，就像我们即将看到的那样，粒子一边冷却，一边获得很高的质量。类似于一个电荷在另一个电荷产生的电磁场中运动时，受到一股力的作用，基本粒子也受到希格斯场的作用力，这就像一种稠密的介质施加给某一穿过它的物体摩擦力——也就是惯性的作用。

举一个经典的"茶杯"的例子。你们想象一下自己被蒙住双眼，用一把小勺子在空杯子里搅动。在搅动的过程中，你们不会感到任何力的作用，勺子十分轻盈，甚至夸张一点说，勺子没有质量。如果突然某人倒了一些蜂蜜在杯子里，在勺子搅动的同时，你们会感到一种黏稠的作用力。那么，你们自然就会认为勺子变重了，获得了一定的质量。这是一个比喻：杯子内部的空间就是宇宙空间，小勺子是我们所知的基本粒子中的一种，在初期是没有质量的，蜂蜜就是希格斯场，它遍布于宇宙，从宇宙诞生初期到未来的所有时刻，它一直存在，通过与其他粒子的相互作用，赋予它们质量。然而，光子却没有受到希格斯场的影响，它仍然没有质量。其他粒子的质量均来源于无处不在的希格斯场的作用：耦合性越强，粒子获得的质量就越大。

下面，让我们来讨论一个有意思的话题：各种基本粒子产生的场和希格斯场完全不同。宇宙诞生初期，能量极高，各种粒子场被激发，在宇宙中的密度也相对较大。随着宇宙的膨胀，能量的减少，各种场的密度也减小了，直到"消失"在宇宙中，那时，整个宇宙系统的能量为零，即达到了最小能量的真空状态，布满了"沉睡"的粒子场。然而，希格斯场的运行机制则完全不同。在宇宙诞生之初、非常热的环境中，希格斯场几乎不存在。随着宇宙温度的降低，希格斯场被激发了，它的能量极低，却不是数值为零，在量子真空中仍有一些活跃的成分，就像一片安静的、平缓的海域也能给穿梭在其中的鱼和船只施加摩擦力。鱼和船只就像基本粒子一样，而这种摩擦力就像粒子的惯性或是质量。获得了质量的各种粒子在时空中弥漫。上述"茶杯"的例子讲的也是同样道理。

2012年，欧洲核子研究中心观测到了希格斯玻色子——希格斯场的量子激发态，这确实是一个伟大的发现，也意味着对标准模型理论有效性的论证已经完结。

现在，让我们回到奇妙的"电影"中来吧，它采用了"延时拍摄"的方法。大爆炸后的百万分之一秒，宇宙的体积迅速膨胀，温度持续下降，又出现了一些新的粒子，这些粒子在之前是不存在的，它们是数量惊人的强子，如质子和中子，它们由夸克组成，但更不稳定。还有很多电子和强子一同产生，电子周围还有它的反粒子，即正电子。（强子也有反粒子：和电子、正电子的关系相似，它们也会因为相互碰撞而相继自我湮灭，并且在碰撞过程中产生了能量和其他的亚粒子。正因如此，光子的数量陡增。）

在大爆炸发生后的一秒钟，此前产生并被困在稠密物质中的大量中微子被释放出来，开始迅速地向宇宙的四个角落弥漫，此运动不可阻挡，而且一刻不停地持续至今。

在大爆炸后的大约1到10分钟之间，我们发现宇宙在创造第一批轻核元素方面十分活跃，尤其是氘——氢的同位素，还有氦和锂。这些元素是在热核聚变反应中形成的，当时的温度极高，有几十亿度。宇宙的体积已经有几百光年大小了。对于它来说，只需要几分钟，就能从一个小于亚原子的大小扩展到无限大的空间。在宇宙诞生的最初几分钟就很活跃的核聚变，与我们更熟知的核裂变是不一样的。核裂变是指由重的原子核——比如铀——分裂成多个质量较小的原子核，即质子和中子较少的原子核。物质最初质量的很小一部分转变成了能量，因为裂变后的物质的质量之和稍低于最初原子核的质量。爱因斯坦的质能公式 $E=mc^2$ 告诉我们，从微小的质量差异中也能产生巨大的能量。核裂变一方面可运用于核武器，在爆炸中，产生了巨大的、不可控的、毁灭性的能量；核裂变的另一运用是核反应堆，在那里产生的能量可带动涡

52

轮机发电，能量源源不断地产出，而且是可控制的。

　　核聚变是指质量较小的原子核被迫互相吸引——这一状况发生在宇宙诞生初期的几分钟内。然后，原子核克服了它们自身正电荷产生的强大排斥力，碰撞到一起，发生了聚合作用，由于中子不带电，原子核所带的正电荷实际上由构成它们的质子所带的正电荷引入。聚合作用之后，生成了新的质量更重的原子核，比如氢原子的原子核碰撞到一起产生了氦原子：前者由一个电子和一个质子组成，后者由两个电子、两个质子和两个中子组成，在核聚变反应后，原子核的质量之和略低于最初的质量之和，这一质量之差也转换成了能量。

　　宇宙演变历史的下一个重要的里程碑距离我们仍旧很遥远。我们需要跨越到大爆炸后的25万年左右，在那时，宇宙经历了一次显著的变化。那时的平均温度依旧很高，达到几千度，虽然宇宙已经广阔无垠，但它仍然处于黑暗中，充满了各种亚原子粒子。宇宙的平均能量太高了，使得电子无法黏附在氢和氦的原子核上形成原子。因此，宇宙空间里满是原子核、电子、光子和中微子，它们就像一颗颗微小的弹珠，在巨大的"宇宙弹球机"中激烈地碰撞着。

　　一次新的飞跃把我们带到了宇宙诞生后的38万年，对于"年轻"的宇宙来说，这真是至关重要的一刻。在宇宙中，第一次出现了"光"，一道明亮的红色光芒穿过整个宇宙。那时，宇宙中充满了光子，它们通过自身微弱的能量带给了宇宙光明的讯号，使其变得透明起来。那时的能量密度已经足够低了，使得电子和质子聚合在一起，形成了原子。我们如今所熟知的物质诞生了，这些由原子组成的基本物质及其演化物构成了我们的身体以及星球。那时，宇宙已经膨胀至几千万光年大小了。

大爆炸早期产生的数量相当的物质与反物质发生了湮灭，最终以光子形式释放出能量。在大爆炸的推动下，宇宙一直在膨胀。新的空间被持续创造出来，然后立即被物质和能量填满。与此同时，光子的密度不断降低，宇宙的温度也不断下降。今天，我们仍能看到那原始的光辐射，但频率比较低，或者说，它就像无线电的频率，而不像可见光的频率。因为一切都受到一种类似于"多普勒效应"的影响。

简而言之，当一个光波或声波的源头相对于接收器或听众来说在运动时，"多普勒效应"就产生了。如果距离源头较远的话，观测到的频率就会低一些；如果靠近源头的话，就能观测到一种更高的频率。救护车的警笛声是一个典型的例子：当它靠近我们的时候，警笛声变得很尖锐（频率升高）；当它经过并远离我们时，警笛声也会越来越小（频率降低）。然而，对于车上的乘客来说，警笛声的频率始终一致。对于大爆炸时产生的光子来说，道理是等同的，宇宙空间迅速膨胀，其中的光子也不断弥散，这样的空间产生了类似救护车的效应：对于我们这些地球上的观察者来说，我们看到的光子减少了频率和能量，这符合普朗克的比例关系，它将光子的能量与它的电磁波的频率联系起来。对于上述解释，有一点需要指出，由于空间的膨胀，所有的点都相互远离，就像在每次爆炸中，或是烟火中发生的那样。这同样也会发生在我们身上：我们会看到来自大爆炸的最初的光子弥散在不断膨胀的宇宙空间中，就像救护车离我们越来越远，警笛声的频率越来越低，我们所见的光子也会随着宇宙的膨胀而不断降低频率和能量。

在大爆炸后的38万年首次出现光以后，随着宇宙的逐渐膨胀，光又"熄灭"了：最初的光子辐射出的能量慢慢减弱，直到低于可见光的能量。于是，宇宙又进入了漫长的黑暗时代，这种状态持续了几百万年。如今，大爆炸后残存的光子——那些在物质与反物质湮灭之后产生的光子——充满了整个宇宙，构成了所谓的"宇宙背景辐射"（CMB，Cosmic Microwave Background）。它的能量相当于2.7开尔文的温度——约−270摄氏度。2.7开尔文是星际空间的温度，这个温度很低，但仍高于绝对零度——0开尔文，即−273.16摄氏度。

大爆炸后的几百万年，当宇宙中开始出现恒星和星系时，光又一次出现了。

现如今，也就是宇宙诞生的138亿年后，它仍然在不停地膨胀。然而，天文观测告诉我们，所有恒星、行星、黑洞、星系以及星系间的可见气体（它由原子构成的常规物质组成）的质量之和仅占宇宙总质能的5%，这一预估数据是通过独立测量完成的。而宇宙中约27%的能量属于一种不可见的物质形式，名为暗物质，人类至今尚不清楚它们是什么，但通过观察它们对星系旋转运动施加的引力作用，可以测量出来——尽管是暗物质，它们归根结底也是一种物质，因此具有质量。

为了解释暗物质的特性，物理学家们提出了不同的假设，有些假设充满了想象力。从本质来看，有两种不同的假设：第一种认为暗物质是一种看不见的宇宙结构，就像大爆炸后残留下的小黑洞，它们以一种出乎意料的、不规则的方式填满了整个宇宙；另一种假设涉及粒子方面的解释。比如，有一些理论预测存在一类至今未知的、新的基本粒子，即所谓的WIMP（大质量弱相互作用粒子，Weakly Interacting Massiv Particles）。它们是一些假设的、很重、很稳定的粒子，由于引力的作用，它们被吸附在星系的周围，十分明显地扰乱星系的运动——这一观察结果促使我们开始做第一次实验，目的是为了确定暗物质的存在。

除了引力以外，这些WIMP粒子还受到一种非常微弱的相互作用力的影响，这种力使得它们很难被发现，因此是黑暗的。要想成为WIMP粒子的候选粒子，必须是所有假想粒子中最稳定的，称为"超对称粒子"，在宇宙诞生之初，它们可能就已经布满其中，这样的状态可能一直延续至今。这些超对称粒子，由于具有相当大的质量，之间的相互作用力又非常微弱，它们是宇宙总质能重要的一部分。我们谈论的是超中性子（Neutralino）[i]，通过在大型强子对撞机中的高能碰撞

---

i　　又译作中性微子。

实验，我们正在积极地研究该粒子。总之，无论从粒子物理学，还是天体物理学、宇宙学的领域来看，暗物质的发现无疑会成为一个极其重要的科学成果。

那么，宇宙中剩下68%的成分是什么呢？它们的特性至今尚不清楚吗？现在，我们要谈论暗能量，它们也促成了宇宙几十亿年来不断加速膨胀。暗能量是推动物体加速的燃料，也就是推动充满整个宇宙的星系加速的燃料。准确来说，它推动了恒星和星系所在的宇宙空间的膨胀，无论是说星系加速，还是说宇宙膨胀，结果没有区别。

在20世纪90年代末，暗能量的存在变得很明显。那时，通过对最遥远星系运动的精确测量，我们发现，它们正在加速远离其他星系以及我们的地球。未来天体物理学和宇宙学研究的首要目标之一就是弄清楚该神秘能量的特质，研究方法是观察相当数量的星系运动（几十亿个星系！）。另一种可能的研究工具是位于欧洲核子研究中心的大型强子对撞机。假设暗能量来自粒子，创下纪录的粒子加速器可能可以帮助我们发现一类新的粒子，它们安静地存在于宇宙空间中，促进了宇宙空间的膨胀。

试想一下未来，经过几百年的科学研究，我们才刚能够弄明白占据整个宇宙5%的物质特性，这是不是十分苦涩呢？

④

（几乎）与光一样快！

"千年隼号"飞船在不到12秒差距内完成了"科舍尔航程"。我已经将帝国的星球舰队甩在了后面！我指的不是那些商船，它们只是一个玩笑。我说的是快速的皇家战舰！这对你来说够快了吧，老人家？

——汉·索洛[i]

---

i 《星球大战》中的主要人物之一。

大爆炸之后，宇宙逐渐膨胀，在暗能量的推动下，如今的宇宙浩瀚无边，布满了数以千亿的星系，这些星系里又充满了密集的恒星和行星。当我们想象在宇宙中旅行时，当我们的目光离开了自己的小星球，转向永恒的、遥远的宇宙时，便能直观感受到它的浩瀚。目前的航天器，如果只配备了常规的发动机，是很难实现太阳系内的星际旅行的，更不用说前往太阳系外的目的地了。举个例子，20世纪70年代的"先锋号"探测器需要花大约一年半的时间从地球飞向木星，从宇宙巨大的空间尺度来看，这一目标并不算什么。然而，这些卫星只停留在离地球约10万千米的地方，如果要把它们送入行星轨道，需要花更多的时间。它们需要沿着特别的轨道行进，利用处于路程中间的行星（诸如火星）的引力，推动它们前行。正是由于这样的原因，"伽利略号"探测器花了大约6年的时间才到达木星，并从近距离观测它，而"卡西尼号"轨道飞行器花了7年时间才接近土星。人们注意到，地球和土星之间的平均距离仅为15亿千米，相当于约80光分。如果想要走出我们的太阳系，进入半人马座恒星附近冒险——它是离我们第二近的恒星——我们的旅程将会更长：大约7万年才能走完4.3光年的路程。这些天文数字让我们失去了拥抱宇宙的希望，哪怕只是拥抱其中的一小部分，我们只能在地球附近十分局限的一小块空间活动。

我们所熟知的银河系的其他恒星，在夜空中清晰可见，离我们的距离更加遥远：天狼星（8.6光年）、阿图罗（37光年）、参宿四（720光年）。再往远走，就是蟹状星云（6 500光年），它是一颗超新星爆炸的残余物，爆炸发生在公元1054年，被中国的天文学家所记录。然后我们就走到了银河系的中心，那儿有人马座A*（26 000光年），它是一个超大质量的黑洞，相当于约400万个太阳的质量。那么整个银河系的大小呢？如果把它看成是圆盘形的话，它的最长直径可超过10万光年，而厚度仅为5 000光年。

因此，很明显，从概念、技术、物理学甚至生物学层面来看，在行星之间、星系之间甚至跨越银河系的旅程会面临重重障碍，如果说得委婉一些的话，这样的障碍是难以逾越的。然而，多亏有了爱因斯坦的相对论，我们可以从一个新的角度，至少在理论层面上来处理这个问题。就像我们之前观察到的那样，因为有了接近光速c的相对速度，对于一个地球上的观察者和一个假想中的正在执行太空任务的宇航员来说，长度和时间是不同的——不仅仅看上去不同，根本原因是一个物体可以被加速到接近光的速度——但是永远达不到光速c，无论传递给它的能量有多高。这也就意味着，在接近光速的过程中，微小的增速都需要消耗巨大的能量。对于太空旅行者来说，他们会强烈感受到相对论所表现出的现象，即长度缩短、时间膨胀，这一缩短和膨胀的数值是相当可观的。

然而，如果从技术层面来看的话，需要考虑另外一个方面的因素。如果想要达到任意高的速度，需要通过火箭发动机的推进剂给航天器提速。就像停留在高速公路上的汽车一样：在发动机力量的推动下——即消耗汽油、消耗能量——车辆开始加速，直到达到理想中的速度。此后，可以熄灭发动机，挂上空挡，汽车将保持一个速度向前行驶。然而，这显然是不可能做到的，因为汽车会和路面的沥青摩擦，车辆内部机械的摩擦也会降低它的速度。

但是，当论及航天器的时候，情况又不相同了。在虚无的宇宙空间中，没有任何形式的摩擦（除了相互邻近的天体之间的引力以外），也没有其他的作用力。正因如此，在加速阶段之后，一旦发动机熄灭，受"惯性"的作用，一艘宇宙飞船可以继续保持最高速度飞行。根据这一原理，人类几十年前发射的、用于探索太阳系外行星的太空自动探测器将会继续飞行，它们将飞向无尽的宇宙，而不需要任何燃料补给。

在宇宙飞船的加速阶段，由于发动机的推动力，宇航员处于超重状态，他们仿佛与飞船飞行的方向相反，承受着巨大的压力，而在惯性飞行中，他们体验到飘浮的感觉——不受制于任何力的作用——对于地球的任何观察者来说，他们的速度几乎是独立的、绝对的：假设他们能以光速的99%飞行！根据爱因斯坦的等效原理，人们对于加速度的感知和他们在重力场中下落的感觉一模一样：比如，对于一个自由落体的跳伞者，或者一个在地球轨道上运行的空间站内的宇航员来说，他们的感觉是一样的，即使空间站处于一个稳定的轨道上，宇航员仍旧会感觉朝地球持续下落。

现在，我们可以想象着策划一次向遥远天体飞行的旅行，以相对论速度前行，从而产生了相对论的效应，这样便能克服遥远的距离障碍，解决由于飞船船员时间相对有限而造成的难题。首先，我们必须看到宇宙中天体之间的相对速度，如我们星系以及附近其他星系的恒星和行星的相对速度，和光速相比，完全可以忽略不计。也就是说，虽然天体能达到最高每秒数百千米或数千千米的速度，和每秒30万千米的光速比，还远远不够。这意味着，一艘假想的在宇宙两个天体之间飞行的飞船，如果以相对论速度飞行，只需对其路线进行微小的调整，宇航员就可以感觉到是在两个天体之间移动。

我们需要考虑的第二个方面更加复杂，它涉及在技术层面上解决向遥远的目的地出发的难题。假设我们的首要目标是靠近距离地球第二近的恒星，也就是上文提到的半人马座恒星。我们的飞船必须具有相当大的规模和质量，因为在它上面安装了各种动力系统，它也要具备足够的屏蔽系统，用来屏蔽快速、高能粒子对它的破坏——比如微型陨石——经过数理分析，它很可能在漫长的星际旅行中袭击飞船。飞船还要为漫长的太空旅程提供足够的空间，这样可以让宇航员在活动的时候感觉舒适，太空生活充满生机。正是由于这些原因，这样的宇宙飞船必须在太空中完成组装，可能的话，在一个环绕地球轨道的空间站附近完成组装。

飞船出发时，推进器开始产生持续的加速度，等同于重力加速度（1g），也就是9.8 m/s2。这意味着1秒之后速度为9.8 m/s，两秒之后速度为19.6 m/s，3秒之后速度为29.4 m/s，以此类推，速度呈线性增长。宇航员们会感知到他们身体的重量和环绕在他们四周的物体的重量，这个重量等同于在地球上的重量。然而，到了一定时刻之后，爱因斯坦的相对论开始发生作用：对于地球上的观察者来说，当飞船的速度的极限值接近光速的时候，速度将不会再增加；尽管持续地消耗能量和加速，飞船的速度只能无限趋近光速，而不能到达光速。与此同时，宇航员们能持续感觉到一种加速度，而且他们能够目睹时间的膨胀、长度的缩短，这种效应会越来越明显。就像我们之前谈到的那样，只要微小的速度变化，比如从光速的90.4%提升至90.5%，就会产生实质性的结果，而伴随这一速度提升的是巨大的能量消耗。

现在，假设我们不受动力系统和推进剂的限制（这是一个非常大胆的假设！），我们也可以忽略一个现实，那就是随着燃料的减少，宇宙飞船的质量会减轻。我们需要以1g的恒定加速度朝着半人马座恒星前行，直到走完一半的路程，即距离地球约2.15光年。在那一时刻，在那样的距离和加速度下，对于地球上的观察者和目标恒星来说，宇宙飞船已经达到了相对论速度，它非常接近光速：即光速的95%。那一刻以后，飞船必须熄灭发动机，以相对于地球来说恒定的速度飞行一会儿，然后扭转推力的方向，反向前行，也就是头朝地球向前飞行，并开始制动，在后半段行程中，以1g的数值减速。通过这样的方式，95%的光速将会降到足够低的速度——或者降到极限值零——这样就能恰好到达目标恒星附近，而不会完美地错过它。很明显，所有这一切过程都和飞行的第一阶段一样，需要消耗相似的能量。实际上，减速和加速一样，也需要消耗相似的能量。这自然会使宇航员的行程时间比到达恒星的预设时间更长，在预设时间内，在加速度下，宇航员一直以最快的速度前行。感谢奇妙的爱因斯坦的相对论，对于地球的观察者来说，这段星际之旅的去程只需要不到6年的时间，而对于宇航员来说，去程就更短了，只需要3年6个月。如果我们选择的加速度两倍于重力加速度（2 g），除了一些不可忽略的细节，比如宇航员将感受到两倍于身体的重量，能量的消耗也会更多以外，旅程时间将会进一步缩短，对于地球的观察者来说只要大约5年的时间，而对于宇航员来说只要2年4个月。多亏了显著的相对论效应，在旅程的一半，飞船将会达到极快的速度，这促进了时间的缩短。

因此，很明显，对于距离地球相对较近的目的地来说，以接近光速的速度前行可以较好地解决旅程时间长的问题——你们回想一下，如果用传统的发动机，飞船到达半人马座恒星需要花7万年。然而，爱因斯坦相对论的真正优势在于：对于一段极长的太空旅程来说，相对论效应更加明显，在这种情况下，加速过程持续的时间更长，飞船的相对速度更接近光速，因此，长度缩短、时间膨胀的效应愈发明显。

让我们再想象一个前往银河系中心黑洞的任务，即前往人马座A*，它距离地球整整26 000光年。这段距离相当遥远，如果按照现在的标准来制造飞船，那么它将航行4亿多年才能到达目的地，这显然是一段不现实的科幻时间。如果飞船以恒定的加速度，也就是重力加速度前行的话，一切都将改变。多亏了加速过程的漫长时间，飞船行驶到一半路程的最快速度可十分接近光速，达到光速的99.999 999 7%，这真是不可思议啊。因此，相对论产生的效应将会非常明显：我们再重复一下之前的话题，对于宇航员来说，完成任务只需要19年8个月，而对于地球上他们的亲朋好友来说，从任务开始到结束需要26 000年。虽然前往半人马座恒星所耗费的3年和前往人马座A*所耗费的20年比，还存在一定的差距，但是在4.3光年和26 000光年的距离差距面前，这点时间差距真是微乎其微。对于地球上的观察者来说，宇航员的这点时间差距也可以忽略不计，因为他们观看到达半人马座恒星只需要6年时间，而观看到达人马座A*要足足等上26 000年。等到宇航员从人马座A*回归地球的那一刻，问题又产生了，他们老了大约40岁，而且他们看到的地球完全发生了变化，谁知道地球经过了52 000年后，又有什么生物会出现呢……

想象无极限，我们甚至梦想着去银河系的外部一探究竟，想象着一段前往其他星系的疯狂的旅程。对于宇航员们来说，这些旅程将持续几十年，甚至更多时间，他们在飞船上睡眠的时间也会很多，甚至，我们可以想象一代代小宇航员们出生并成长于宇宙飞船上。或许，还存在没有归途的旅程，仅仅因为人们想更加深入地探索未知世界。旅程是美梦还是噩梦，我们都可以根据科学原理推断出来。因此，让我们一起努力去策划星际旅行吧。首先要思考如何建造一艘宇宙飞船，设计合适的推进系统。我们会发现，尽管没有任何理论方面的障碍，我们仍旧会碰到一些技术难题，它决定了我们的星际之旅能否实现。

5

反物质推进和其他

当人们想要登月的时候，只有两个问题需要解决：第一，怎样才能到达月球；第二，怎样返回地球。如果这两个问题没有解决，就不要出发，这是关键所在。

——[美]尼尔·阿姆斯特朗

很显然，反物质和普通的物质完全一样。我们无法区分苹果和反苹果……如果非要说区别的话，反物质和物质的区别仅仅在于它们的基本组成结构，即基本粒子。我们已经看到，一个原子主要由一个原子核构成，而构成原子核的是带正电荷的质子和不带电的中子。它们在强核力的作用下结合在一起，强核力将各种带同种电荷的质子紧密地聚合在一起，尽管它们之间互相排斥，但排斥力远远弱于强核力。围绕在原子核周围的是带负电的电子云，量子力学的概率论很好地描述了它们的运行方式。尽管从宏观层面来看，质子和中子的质量微乎其微，但它们仍是电子质量的两千倍左右。

20世纪20年代末期，在现代原子物理学的开端，英国物理学家保罗·狄拉克预测了反电子的存在，用来解决最初的量子理论公式中一些明显的不合逻辑的问题。反电子，又叫正电子，是一种和电子一模一样的粒子，它们具有相同的质量，但反电子带的是正电荷。更加准确来说，狄拉克找到了他的方程式（该方程用来描述基本粒子的运动）的解答，提出电子带有负能量。众所周知，能量被定义为正向的物理量，而狄拉克提出的解决方式，说通俗点，是非物理学的方式。聪明的狄拉克完美地化解了这个难题，他假设带负能量的电子完全等同于带正能量的正电子，因此，就把问题转移到了去寻找真正的反粒子，并证实它们的存在。几年后，美国人卡尔·安德森果然发现了正电子，从而打开了潘多拉的魔盒，在后来的若干年里，其他大量的反物质粒子从魔盒里跳出来，所有这些反物质粒子都和普通粒子成对出现。这样，反质子也被发现了，它带负电，还有反中子，和中子一样，它也不带电：零的反面还是零。

自从出现了反粒子，就有可能形成由反原子构成的反物质——至少理论层面是这样。我们之前已经说过，物质相较于反物质的优越性在宇宙诞生初期就已经确立，如今，在宇宙中只留下一些反物质的痕迹，和它一起的还有占据主要空间的暗物质和暗能量。说到这儿，我们需要思考一下，如果把构成我们宇宙的粒子称为物质，把实际不存在的姐妹粒子称为反物质，其实不能确保物质的任何优越地位。如果在宇宙大爆炸的湮灭时刻出现偶然情况，湮灭后多余的部分是反物质而不是物质，我们现在就会安静地生活在一个带有负电荷质子的宇宙中，在质子周围，正电子正围绕着它运动。这也是一个惯常的现象。

现在我们知道，1克的物质如果全部转化为能量，可以产生巨大的能量，等同于热核爆炸所释放的能量。那么，很显然，对于1克反物质，也能产生同样巨大的能量。如果物质和反物质发生了湮灭，这两克的质量能产生双倍的能量，也就是大约2×10^{14}焦耳。湮灭反应的过程和反应后的最终产物取决于发生相互作用的粒子的种类。一个电子和一个正电子发生作用，产生了能量相对较高的两个光子，每个光子的能量等同于一个电子（或正电子）的质量乘以光速的二次方（c^2）。如果是质子和反质子或中子和反中子发生湮灭，最终的可能产物就更多了，不仅包括非常高能的光子——伽马射线，还有其他一些奇异的基本粒子，如π介子和缪子。另外，由于质子和中子的质量比电子要高很多，湮灭后产生的总能量也比电子和正电子湮灭后产生的能量要高很多。

根据以上我们讨论的这些内容，很显然，由"分布"在一个质子周围的一个电子组成的氢原子非常稳定，且永恒地存在下去，它完全类似于一个由正电子和一个反质子组成的反氢原子。氦原子也是如此，它由两个电子、两个质子和两个中子组成，与反氦原子类似。众所周知，反物质是不稳定的，其真正原因在于：它一旦形成，就很容易和周围占优势地位的物质接触并发生湮灭，比如它可能撞向存放它的容器壁。如今，我们在物理学实验室中已经能够不断制造反物质——例如欧洲核子研究中心或美国费米实验室，然而，遗憾的是，我们产出的量还很少。由于反物质的不稳定性，一旦生产出来，它们就被保存在特定的容器中，电磁场的作用力使它们悬浮在真空中，因此不与任何物质接触。

生产单个反物质粒子——正电子、反质子等——在技术上是可行的，只要运用核物理学和基本粒子物理学的典型方法。例如，可以利用由粒子加速器激发的物质微粒，使其相互作用，有时通过级联过程，使粒子相互作用。我们也可以从伽马光子开始，使其通过密度很大的有厚度的材料——如铅，从而产生诸多电子和正电子对。通过电磁场的作用，将正电子从众多正负电子对中筛选出来。

如果要制造中性反物质或是反物质原子，比如反氢原子，过程会更加复杂，产出的量也会更少：首先，我们要制造出数量较多的反质子，它们的动能极低，几乎是静止的，然后让它们和正电子碰撞并结合在一起，这段过程要保持足够长的时间，直到它们最终结合成一个稳固的状态，一个围着另一个旋转。通过基本粒子碰撞而产生的反质子被我们筛选出来，接着，我们让它们在加速器中减速，此时加速器在反向运转，不断降低粒子的速度，而不是加快它们的速度。然后，我们将这些反质子保存在一些非常小的空间内，并使之前产生的正电子云穿过空间，因此，我们有可能制造出反氢原子，虽然这种可能性很小，但不至于为零。

人们很清楚地明白这一生产机制本质上是多么复杂，而且效率很低，从经济角度来看，负担也很重。在欧洲核子研究中心，目前为止也只能制造出几百个能量相对较低的反物质原子，并通过电磁作用力将它们保存几分钟。直到如今，反物质也只能用于科学研究，虽然我们认为反物质和普通物质的物理特性几乎一样，这是合乎逻辑的，但还有待进一步验证。在众多解析反物质的物理属性的实验中，就有我们欧洲核子研究中心的一些在研项目，目的是为了去探测反原子在地球引力场中的引力加速运动。如果用简单的话来说，研究的核心问题在于理解一个假设的反苹果在自由状态时是和普通的苹果一样，向地球的中心降落呢，还是加速朝反方向运动，也就是向高空逃离呢！撇开基础研究不谈，根据科学原理，反物质也可用于技术、实践领域，尤其是和能量相关的实践领域。

我们已经看到，物质与反物质的湮灭几乎能将所有质量转化为能量，这一反应的效率非常高。然而，要制造一定数量的反物质，问题首先在于能源生产和转化的效率，也就是需要多少常规能量——通常是电能——用来维持设备正常运转——从而产生一定数量的反物质，它们被存储起来，供以后使用。一个很小的质量也能转化成较大的能量（$E=mc^2$），直觉告诉我们，将能量"浓缩"在反物质中是存储能量的一种便捷的方式。目前，由于反物质的生产只用于科学研究，因此它的产量很低，只有百万分之一，但是，可以想象，通过优化生产过程，将其用于工业领域甚至军事领域（哎！），它的产量有可能达到千分之一，甚至更多。

本质来看，制造带电荷的反物质更加简单，因为它们只是单个的基本粒子，比如正电子或反质子。制造正电子可以带来更大的优势，但是，由于它们的质量比反质子小两千倍，生产出的正电子所存储的能量比反质子存储的能量在比例上小很多。然而，如果用粒子实验室传统的方法制造反质子，比如用欧洲核子研究中心或美国费米实验室的方法，为了让反质子减速并存储它们，所使用的粒子加速器要更大、更复杂且更昂贵，使用的其他设备也更加复杂。

对反物质的实际运用还体现在建造宇宙飞船的发动机上（现在我们开始进入正题），我们至少需要几分之一克的反物质：这比迄今为止用于科学研究而生产出的反物质的数量多出好几个数量级。如果使用欧洲核子研究中心目前的设备，这一"反物质制造工厂"需要耗费大约十亿年的时间才能生产一克的反物质，它由 6×10^{23} 个反氢原子组成！即使我们能够更新现有的生产设备，目前仍然无法生产数量稍多的反物质，因为生产所要消耗的能量非常惊人。我们可以想象，如果每年生产2克反质子，消耗的能量总值约为50吉瓦，即500亿瓦，这相当于美国所有核电站的总能量。为了产生这么多的能量，需要在工厂附近建造一些大规模的太阳能发电站，也许可以建在远离城市的荒漠中，它将会占据1 000平方千米的土地。如果目标更远大一些，需要建造一些规模巨大的太阳能存储站，它可达到数十万甚至数百万平方千米的规模，这在技术上是可以想象的。

制造中性反物质，即整个反物质的原子，一方面可以带来更大的优势，因为它质量更高，因此可以更有效地集中能量；另一方面，它的生产过程更加复杂，就像上面所说的那样，必须运用核物理学和基本粒子物理学的方法去生产。假设我们要生产反锂-7原子，它含有丰富的反中子，能够有效地释放能量；该反原子有3个正电子，围绕原子核旋转，原子核由3个反质子和4个反中子组成。通常情况下，我们首先让高能质子碰撞，碰撞后将会产生反质子，反质子也一直加速，然后碰撞，随后产生一系列的级联反应，所产生的粒子堆积在一起，变得越来越复杂，然后再相互碰撞，这个过程将一直延续下去。

我们这一讲中发挥关键作用的角色还有电磁场，它可以存储反物质，即在反物质和相似数量的物质发生湮灭之前存储它。出于技术考虑，存储设备必须简单、安全、可运输：这是将反物质用于民用、实践领域所要解决的又一复杂问题。

综上所述，很少几克反物质就能浓缩惊人的能量。正因如此，人们试图用非常特别的反物质推进剂作为可能的火箭发动机，从而解决太空探索所需要的庞大的推进剂空间储备的问题。然而，反物质发动机的问题至今没有得到解决，主要原因有两个：第一，人类至今无法生产足够的反物质，用于技术、实践领域；第二，生产这类的发动机相当复杂，同样复杂的还有辐射问题，这类发动机可能会给宇航员带来放射性辐射。然而，无论如何，我们不可否认，使用反物质发动机能够长时间保持极高的加速度，最终的速度将接近光速，产生可观的相对论效应。

在继续讨论之前，我们应当看到，如果要长距离飞行的话，一个很好的解决方案是不要向太空发送那些复杂的、沉重的、昂贵的载人宇宙飞船，而要发送自动的、轻型的、相对简单的、无人驾驶的微型飞船，这样就会减少很多因为使用传统飞船而带来的严苛要求。具体来看，一个现实的、在合理的时间范围内可行的方案是建立微型模型，重量在一克左右，或者略多，然后把它们放在一些用极轻的、耐腐蚀的材料做成的球体中，或者使它们黏附在极轻的微型太空帆上。每个模型都应该包含——微型的——陀螺仪、太阳能电池、放射源、微型照相机、计算机、磁强计、天线、收音机、粒子探测器等，以及所有必要的用来获取遥远行星（比如半人马座星系中的一颗行星）数据的仪器，然后将这些数据传送至地球。

通过高于重力加速度数万倍的加速运动，球体或太空帆的速度将被推进到约光速的五分之一，这一加速度由激光束电池的压力产生，其功率相当于100个核反应堆。宇航员的生物属性决定了他们无法承受这样的加速度。我们可以连续发射成百上千个探测器，这样便形成了一个奇妙的太空列车。如果某一探测器发生故障，足够的余量能使我们继续进行太空探测，更重要的是，我们可以让信息通过这样的"列车"传递到地球。

如果使用了上述探测系统，就有可能在20年内到达半人马座星系的其中一颗行星，去验证那儿是否存在生物讯号，或者至少是某种智慧生命形式发出的技术讯号。最近几年，随着科技在微型电子设备、纳米技术和大功率激光发射器方面的不断发展，这一想法变得非常可行，至少理论上是可行的。很多雄心勃勃的计划已经在认真考虑这些理念，比如，2016年启动的"突破计划"系列中的"突破摄星"计划

（Breakthrough Starshot Project），就打算去探索宜居星球，该计划得到了茱莉亚和尤里·米尔纳、马克·扎克伯格等人的支持和资助。

如果我们的目标是要建造载人宇宙飞船，那就需要进一步发展反物质发动机这一概念。我们已经讨论了在生产反物质如反质子方面低效的问题。现在，让我们思考一下，一个粒子加速器可以将维持它运行的电能转化为粒子加速后的动能——通常是质子——它们通过碰撞又产生了子粒子，这一过程符合爱因斯坦的质量－能量守恒定律。在这些粒子中肯定有反质子，只不过量很少而已。如果将这一极低的生产效率提升数倍，我们最终可以收获一些反质子，数量为十亿分之一或者更少。如果计算生产反质子的经济成本，而且这一生产只是为了科学研究，很容易达到每克千万亿美元的高昂价值。如果优化生产过程，产品面向实践应用，这笔费用有望减少到每克一千亿美元。当然了，另一条可供选择的途径是研究数量更小的反物质的实践运用：微克甚至纳克。

从技术角度来看，我们有必要概述一下建造真实的反物质发动机的可能方法。任何导弹系统的基础概念是它的推力，来自发动机喷嘴所喷射出的气体、微粒或具有巨大动力的流体。在导弹发射过程中，由于导弹对喷射出来的物质有一个向后的力，所以被喷射的物质对导弹有一个相同的反作用力，使其向前运动。就好像溜冰者在冰面上向某一方向猛烈投掷重物：除了摩擦力之外，他还将受到一个与投掷方向相反的推力作用。在宇宙空间中，由于没有摩擦力，这一过程显然更加有效。

　　质子与反质子的湮灭会产生各种粒子，它们的相对比例随着不同的湮灭而发生变化，在数值上是不同的：湮灭的产物主要是伽马射线和带电荷或中性的π介子——它们的特性与质子或反质子类似，但质量较低且不稳定。中性的π介子会衰变（转换）为另外两种伽马射线，而带电荷的π介子在经过数米的运动后会转变为缪子和中微子。前者是电子的"重型兄弟"，在几百米的距离内，也会衰变为电子和其他中微子。这意味着，质子与反质子湮灭的最终结果是伽马光子、电子和中微子。

　　总体来看，伽马射线对于我们来说并不是特别有用，如同很快消失的中微子。伽马射线通常可在大范围内产生，而且，由于它是电中性的，它的飞行轨迹不受磁场影响，不发生偏转，因此不可能迫使它从反应堆的喷嘴中喷发出来，施加一定的推力。另外，还有一个不容忽视的因素，它对于宇航员来说，是摧残身体的放射源，如果要对它加以适当的屏蔽，很容易增加飞船的重量，使飞船过载。中微子也是不带电的粒子，但很难寻找到它们的痕迹。因此，我们知道，为了限制飞船的规模、降低它的复杂性，最好是用带电荷的、受到磁场影响的缪子作为它的推力，缪子的高速度和随之而来的相对论效应使得它有足够的时间穿越十分遥远的距离，这一点，值得我们充分利用。

然而，我们不仅可以利用反物质与物质的湮灭所释放出的巨大能量作为航天器的动力源，还可以建造一个综合了核裂变和核聚变过程的混合系统，从而极大减少对反物质的需求。比如，我们可以思考一个反应过程（目前为止仅停留在理论层面），在此过程中，反质子会促进（催化）铀原子的裂变反应。所释放的热量可能会引发氘－氚的聚变反应，由此产生的热膨胀将成为火箭的推力。或者，我们可以考虑用电磁场去收拢反质子气体，并将掺入了重元素的氚的液滴注入其中。这一过程所激发的裂变和聚变反应也会成为火箭的推力。一旦减少了对反物质的需求，我们就可以合理地规划一次为期一年的木星往返旅程，我们乘坐10吨重的航天器，以均速低于100千米／秒的速度飞行，此时需要的反质子数量仅在1微克左右。这个方案不是不可实现。如果我们把目标定得更远大一些，让旅行距离变得更长，就可以运用混合动力的方法，那么，一个质量缩减到约100千克的自动太空探测器以约1 000千米／秒的速度飞行，在50年内可抵达奥尔特云的起点，它距离我们30光天，飞行需要的反质子数量为几微克。在上述两个例子中，通过加速使飞行器达到恒定速度后飞行器继续以惯性速度飞行——因此无须消耗燃料——直到到达目的地附近，开始适当地减速。由于相对较低的速度，对于地球上的人来说，他们所感知到的飞行时间和飞行器实际经历的飞行时间是一样的，此时相对论效应可以忽略不计。

　　对于速度需求更高的飞行任务，即远远大于每秒几千千米的速度，就要使用我们一开始介绍的方法，也就是需要依靠物质与反物质湮灭直接释放的产物。我们的梦想是在40年内到达半人马座，以光速的20%飞行。在这种情况下，旅程的前半段将会持续加速，后半段则会减速，直到到达目的地，否则的话将会继续向前飞行，而错失目地。类似这样的飞行对能量的消耗会非常大。对于重量为1 000千克的"有效载荷"——飞船内容物的有用重量，不包括燃料——将需要100—200千克的反物质和同样数量的物质发生湮灭（这对于今天或者明天来说都是不现实的）。

如果我们想象一次飞出银河系外的旅行——比如之前提到的前往银河系中心的单程旅行——假设乘坐1万吨的宇宙飞船，那就真的进入了幻想世界，或许我们可以无限乐观地假想未来的技术可能在这方面发展，但是实现起来仍十分遥远。我们的想法是要进行一次持续时间不到20年的旅行，这一时间与宇航员的寿命相符，但所需的能量——显然只是预估的近似能量，它将很多未知因素也纳入其中——是一个天文数字，毫无疑问将超过10^{30}焦耳。这一能量到底有多大呢？现在来给出一些具体的概念：它相当于40分钟内太阳产生的能量；相当于超过500亿吨的反物质与同样多的物质湮灭而产生的能量；这是一个不切实际的质量，比假想的宇宙飞船的质量要大得多得多。对于承载人数更多的、宇宙飞船规模更大的银河系外旅行，上述所有的数字又将完全改变，这一极富幻想性的假设可能只会变成梦想，也许在反物质发动机方面的技术永远达不到这一要求。

虽然可以预见反物质的生产技术会得到改进，推力的效率会进一步提升——也许可以使用质量相对较高的、易储存的反原子，通过磁性物质将它存储起来，比如反碳原子——但是，仅使用反物质发动机作为载人星际旅行的动力系统还是不够的，目前为止也仅是一个不可实现的梦想，光是飞出太阳系的载人飞行任务就已经需要惊人的能量了。而且，上述一切还没有考虑到存储反物质的过程，该过程同样需要安全、可靠。

　　鉴于上述情况，人们提出了许多不同的替代方案或补充性解决方案，为星际旅行的推进系统出谋划策。例如，20世纪60年代，物理学家保罗·布萨德（Paul Bussard）提出了一种"布萨德喷气式引擎"。它的原理是利用强电场吸收周围太空中的氢气，并激发飞船的喷气式引擎的热核聚变反应——飞船周围的强电场足够大，一直延伸到非常遥远的距离，它把粒子吸收到巨大的粒子收集器的屏幕上，这些收集器被放置在飞船运动方向的横截面上。然后，极度稀薄的粒子气体被压缩——这一过程被称为"冲压式喷气"（ramjet），它发生在核聚变反应被激发之前。核聚变反应发生后，产生了极大的推力，可以将飞船提升至很高的速度。布萨德的这一方案同样也存在优点和弊端。最大的优点是它可以在非绝对真空的太空中获取氢燃料，而不需要在出发的时候就携带燃料。随着飞船的加速，这一吸收星际气体的机制会变得越来越高效，就像在高速公路上行驶的汽车，速度越快，它的挡风玻璃上吸引的蚊虫越多，直到粘满整个玻璃。该方案的一个潜在的局限性是引擎的最大功率相对有限。不过，在遥远的未来，我们也有可能将各种不同的先进方案结合在一起，也许可以将它与反物质推进器相结合。

无论飞船采用何种推力系统，我们所有考虑的关键在于：在合理的时间范围内（因此在非常高的速度下）探索银河系和更远的地方，这就需要浓缩和利用巨大的能量，这些能量足以与使恒星运行的能量相媲美。这是一个可能无法克服的障碍，但是我们仍可以在科学理论方面进行纯粹的设想。

我们也可以用另一种方式在银河系内外旅行，那就是双脚跳入科幻世界，尽管我们从一开始就抛弃了这一方式：例如，我们可以考虑超光速飞行或者跳入虫洞，它是联结宇宙中任意两个遥远时空的空间隧道。目前，这些理论都没有经过实验验证，因为任何实验都无法操作，只能通过强大的想象力去冥想，毕竟做梦是不会被禁止的……

因此，用已知的物理学方法进行星际旅行是最明智的选择，尽管各种问题和障碍已经远远超越了我们可以想象的极限。然而，我们使用核能也只有几十年的时间，我们进入太空的时间更短，这也是事实，而且，直到最近我们才开始采用相对先进的方法生产反物质。如今，科技正在迅猛发展，只要有一点乐观主义精神，我们就可以对未来满怀希望，去发现更多，有些将会是颠覆性的发现。历史告诉我们，在最近几个世纪中，科学持续发展，再加上一些突然的质的飞跃，构成了科学研究真正范式的转变。正是因为有了科学的飞跃，使得我们可以利用一些基本发现去完成真正的技术革命，开辟一些新的应用，这些应用在不久之前还是无法想象的，有些甚至来自科幻小说里的情节。只要想想激光、互联网、纳米技术、人工智能、机器人技术、微型电子产品等，更不用说在生命科学领域中的类似技术革命，诸如基因工程等。人类追寻新的发现、新的应用、新的工具、新的技术，并在基础领域进一步发展的趋势似乎不可阻挡，而且脚步越来越快，这仿佛是刻在人类大脑里的一个天然属性，是人类的本质特征。如果这一趋势在未来一直延续下去，就必须和经济、社会、道德并行发展，我们将会从中享受到很多的乐趣。我们现在能做的，就是在理论层面上设计一个不可思议的太空之旅，对于这一旅程所使用的技术，我们再次重申，一切显然都是乌托邦式的幻想，然而，总有一天会实现。

第二部分

旅程

6

旅程开始了

世界像是一本书，而不旅行的人们只读了其中的一页。

—— [罗马]希波主教奥古斯丁[i]

---

i   奥古斯丁是罗马帝国末期北非柏柏尔人，早期西方神学家、哲学家，曾任北非城市希波（Hippo Regius）的主教，故史称希波的奥古斯丁。

有了足够强大的理论储备以后，我们开始了漫长的旅程，将会进入宇宙空间的至深处。我们将乘坐一艘巨大的宇宙飞船，它配备了最新一代的布萨德喷气式发动机，能够十分高效地将大量的星际氢气混合在一起，它将和其他一些推进器结合在一起使用，这其中就包括反物质发动机——它携带了几百吨的反碳物质作为推进剂。各种不同的加速系统也结合在一起，有时交替使用，就像混合动力汽车中的不同发动机。

　　宇宙飞船是为几十年的旅程而设计的，这符合宇航员的生命预期，它能够容纳一个庞大的航天团队，他们年轻、专业、积极性很高却不盲目狂热，他们早已为疯狂而勇敢的太空之旅做好了准备。他们是物理学家、医生、天体物理学家、工程师、心理学家、数学家和计算机专家，以及技术员、操作人员、来自世界各民族的人们，既有男性也有女性。此外飞船上还有一些植物和动物、足够的食物储备、水的循环利用设备。

　　我们神奇的"卡拉维尔号"飞船非常复杂，它的组装分为好几个阶段，最初的核心阶段是在已有的国际空间站的周围完成的。宇航员将会以"冬眠"的状态在低温仓内度过旅程的大部分时间，这样既会减缓他们衰老的过程，也能充分保护他们，避免他们长期暴露在宇宙射线的辐射下。机载人工智能将会控制极其先进的操作系统，进行少数一些操作，比如操纵引擎、服务系统和一些基础设施，栽培植物，最重要的是，它需要确保宇航员在漫长的睡眠过程中身体健康。适当的防护罩将保护宇航员，使他们免受微小陨石的袭击，那些微小的陨石相对于飞船来说，速度极快，有可能和飞船发生致命的碰撞。电磁屏蔽系统可以屏蔽一些宇宙中的电离粒子。

我已经知道你们在问什么了：所有这一切都可行吗？这是一个不现实的推进系统，其消耗的能量可与整个地球消耗的能源相媲美。睡眠仓怎么设计呢？未来的宇航技术又是怎样呢？对于英雄的宇航员来说，这是一段长达几十年的旅程，而对于地球上的人来说，这段旅程则要更长时间？我们如何抵御太空的致命辐射呢？或许，我们还要等待几百年才能解决这些问题。但对于这段奇妙旅程来说，我们可以大胆地认为已经拥有了所有需要的东西……毕竟，想象是不费钱的，我们完全可以假设在一个不太遥远的未来，所有这些艰巨的技术难题都会被解决。最重要的，也是最令人欣慰的是，这些都不是原则性的技术障碍，也并不有悖于物理规律以及自然界的一般规律。

那么，就让我们一起来梦想吧：第1年，第1天，地球轨道上的国际空间站。"卡拉维尔号"飞船带着它的年轻勇敢的机组人员启航了，面向未知的漫长的太空之旅开始了。此次任务官方的、崇高的目标是探索未知，而真实的，甚至有些英雄主义的目标则是其他方面的东西……

7

月球，星空一瞥
出发后第 2 天

天空的月亮啊，你在做什么？

告诉我，你在做什么，静静的月儿？

你夜晚出来遨游，

凝视空旷的人间，然后又悄然隐去。

你在永恒的路上来回徜徉。

——[意大利]贾科莫·莱奥帕尔迪[i]

---

[i] 贾科莫·莱奥帕尔迪，意大利19世纪著名浪漫主义诗人。

我们使用常规的推进系统，出发两天后，到达了第一站——月球。它具有丰富的象征意义，总是成为人们凝望夜空时关注的焦点。它是地球的卫星，质量只有地球的1%，距离我们384 000千米，光只需要一眨眼的工夫就可以从我们这儿传播到月球。月球上岩石众多、环境恶劣、坑坑洼洼；夜晚寒冷，白天炎热；没有大气、水和生命。尽管如此，它是离我们最近的天体，美妙地悬浮在夜空中，洒落下皎洁的月光，所以对我们来说，它依然非常迷人。它总是人们心驰神往的对象，因此出现了很多有关它的诗歌和歌曲、思绪和幻想、梦境和神话。直到它被征服的那一刻，直到1969年7月20日，宇航员从月球上遥望我们的蓝色星球时，我们才最终建立起与月球的稳固关系。

　　当我还是个孩子的时候，我总是不明白为什么月亮总用同一面朝着我们。当然，人们会说："因为月球绕地球公转和它自转的周期是一样的，约等于27.3天。""但为什么公转和自转的周期一样呢？"即使是一个微小的差异也足以让我们在几晚之内看到它的全部面貌，但是我们并没有实现愿望，两者是完全相同的。

我们必须研究天体力学才能得到答案，而这绝非易事。40多亿年前，由于传说中的行星"忒亚"与地球的灾难性撞击，月球形成了，并进入围绕地球运转的轨道。本来两个天体的自转周期是不同的，但它们之间的潮汐力起了直接作用。今天我们看到的海水涨落正是受月球潮汐力的影响。两个天体之间的距离越近，引力的作用就越强。因此，月球的引力会吸引地球，地球上离它最近的那一面的水域也会被引力"拉起来"。同时，潮汐力也阻碍了月球的自转，靠近地球的那一面受到比较大的引力。就这样，月球被地球的潮汐力逐渐拖慢了自转速度，直到由地球和月球组成的行星－卫星系统的能量最小化，两个天体的形态保持恒定——英语称这个现象为"潮汐锁定"（tidally locked），也就是月球永远以同一面朝着地球，自转和公转的速度也完全相同。这确实是天体力学的一个奇迹，意味着我们永远看不到月球黑暗的另一面，尽管我们知道这两面是相似的。然而，我们也应该看到，地球和月球之间的潮汐锁定只作用于月球，使得我们地球上的观察者只能看到月球的同一个面，而地球的自转速度是变化的。完全的潮汐锁定，即无论对于地球还是月球来说，都只能看到对方的同一个面，可能发生在几十亿年以后，如果那时地球和月球还存在的话……

月亮周围是漫天的星星。在没有月亮的夜晚，我们可以用肉眼看到成千上万的星星。然而，在宇航员从月球表面或空间站拍摄的照片中，却看不见任何星星，那是因为月球表面或宇宙飞船的亮度更大。但现在，当"卡拉维尔号"的船员们望向黑暗的太空时，会看到令人印象深刻的景象：那里有数百万、数十亿的小点。和地球上看到的景象不一样，它们是冰冷而暗淡的，然而它们中的每一个都不亚于一个巨大的热核熔炉，它们主要发射中微子，总能量的一小部分转化为光子，它们是能量的载体，生命的创造者。在完全黑暗的背景中，我们能看到明亮的光线，这和我们在地球上看到的白天的天空不一样，因为地球上还有大气层。白色的太阳光是由不同波长的光混合而成的，这些光有不同的颜色：红色、黄色、绿色、蓝色。不同波长的光与组成大气层的各种不同的分子发生相互作用，尤其是和氮气、氧气相互作用，而且光的波长必须和分子的大小相当。与红光或黄光等波长较长的光线不同，蓝光的波长较短，它与大小相似的气体分子相互作用后，被散射到各个方向，这就使得无论从哪里观察天空，总会有蓝光照射到我们眼睛上来，因此我们看到的天空如此美丽、湛蓝、明亮。我们也可以用同样的原理解释天空调色板上的其他颜色的散射。日落时天空的红晕由太阳的侧光形成，它必须在大气层中经过更长的时间才能到达我们的眼睛，这使得蓝光成分因过于弥漫而不够凸显，因此我们眼中看到的是红光和黄光。我们再来看云，它之所以非常白，是因为组成它的颗粒物足够大，可以让光谱中的所有光线在其中广泛扩散。而所有这一切都不会发生在大气层之外的宇宙虚空中，在那儿，没有任何能使太阳光传播的介质。虽然天体被阳光照亮，但天空异常黑暗，就像在月球表面看到的一样。宇宙的背景就像一块令人不安的黝黑的画布，在其中，我们能同时看到壮丽的太阳、地球、月球以及数以亿计的星星。

星星也总是梦想和恐惧的根源。艾萨克·阿西莫夫在他的小说《日暮》中讲过一个遥远行星的故事，这个行星一直被六个太阳照耀。因此那里没有黑夜，而居民们都对黑夜极度恐惧。在他们的宗教传说中有这样一个事件：有一天，那里发生了一场罕见的日全食，光明消失了，这诡异的一幕让从没见过黑夜的人们全都发了疯，他们无法适应持续的黑暗。后来，他们的科学家预测，这一事件将会再一次重演，随着预测的那一天的临近，一股恐惧涌上人们的心头。在日食的那天，黑暗再一次无情地降临了，它很快将光明全部吞噬。就在那时，一件令人意想不到的、也许更加恐怖的事情发生了：在漆黑的夜空中，出现了无数的小光点，它布满了整个宇宙。这幅令人目瞪口呆的画面使人们集体陷入了疯狂。

星星实际上是非常巨大的物质体，只因为离我们很远而显得毫无害处、充满诗意，温柔地点缀在夜空中。在过去的几个世纪，人类选择了其中一些明亮的光点作为星座。这些星座在现实中并不存在，它们只存在于我们的意识中，成为一种持久的心理建构、心理暗示。在观察一组构成一幅图案的恒星时，人们认为它们属于一个特定的、固定的、永恒的群体，然后毫无理由地认为它们会对人类的生活施加一定的影响（占星术的寓言故事）。但是星座中的恒星实际上没有任何空间或物理上的关系，唯一的关系就是一个离我们相对较近，另一个离我们很远；一个很明亮，一个不那么明亮。因此，没有什么比星座更虚假的东西了，它纯粹是一个假象。但星座对古代人非常有用，能帮助人们定位并找到方向，因为那个年代没有指南针和类似"卡拉维尔号"上的精密仪器。星座能够指示朝这个方向走还是朝另一个方向走，它是我们的宇宙飞船将要跟随的可靠向导。

星辰不仅是诗意阅读的关键元素，还是浩瀚宇宙的重要组成部分。在我们宇宙漫长至极的生命中，它们诞生的时间相对较早。大爆炸后大约1亿年，引力开始作用于宇宙，那时的宇宙仍在迅速膨胀。引力对宇宙物质的影响要大于其他自然力的影响。宇宙物质在那个时候基本上是氢气，它的原子由一个质子组成，环绕在其周围的是一个电子形成的电子云。最轻的元素氢、氦、锂，在宇宙生命的最初几分钟就已经形成；那时，诸如质子和中子这类的粒子之间的距离很小，宇宙原生物质的密度极高，温度也极高，这一切引发了热核聚变反应。

宇宙诞生初期，量子的微小波动使得宇宙空间各处形成了一些点，这些点比周围邻近的点更有能量、密度更大。随着时空的膨胀，量子波动的范围也越来越广。这些波动使得新产生的物质在空间中的分布变得不均匀。因此，引力成功地吸引了星际气体中大量的氢原子，并迫使它们集中在某些特定的点上，氢原子越聚越多，形成了吸积盘，最终成了恒星。宇宙中第一代恒星就这样出现了。由于引力的作用，在这些原恒星的中心区域，气体的密度和温度都急剧增加。核聚变反应在大爆炸后的几十分钟就结束了，但在恒星的中心区域又开始了，它一个接一个地点燃了恒星，就像日落时城市里亮起的成千上万的灯光一样。

质量－能量的转换机制是恒星运行的基础。在众多恒星深处发生的核聚变反应中，大量的能量被释放出来，以光和热的形式出现，这一转化过程是缓慢、持久的。越来越重的原子核形成的过程持续了几十亿年，直到足够的能量确保它的产生。通过这种方式，一些重元素出现了，我们在地球上也能找到这些元素，它们构成了生物体，比如氧、氮、碳等。一颗按照规律运行的恒星是一个平衡点，一方面，它通过内核强大的热核反应向外释放能量；另一方面，它的引力会进一步让炽热的气体团坍缩，而气体团是构成恒星的主要物质。

氢气作为最初的燃料，在宇宙中非常普遍。它占据了宇宙中所有出现的元素的约75%，而剩下的25%几乎都是氦气。就像之前说的那样，两者在大爆炸不久后就产生了，因为刚刚诞生的宇宙温度非常高。恒星中的氢聚变到氦聚变的转化会增加更多的氦。尽管恒星是除氢以外的所有元素的唯一制造者，包括如今出现在地球上和所有生物体内的大部分原子，它制造的重元素的序列却止于铁；元素周期表铁元素后面的元素将不会产生，因为需要从外面吸收大量的能量。它们会以另一种方式生成，我们后面会简要提到。

从科学的角度来看，太阳发挥着十分重要的作用。首先，它是离我们最近的恒星；其次，它是地球上所有生物体（包括人类）使用的所有能量的来源，无论是直接的光和热，还是间接的化石燃料，在遥远的过去，人们已经通过化石燃料用上了太阳能。今天，我们对太阳已经有了很多的了解，但矛盾的是，仍有许多模糊不清的地方。当我们的这个恒星从一团氢气星云内形成后，它已经不停地工作了约4.6亿年，随着时间的推移，它的组成成分和结构发生了明显的变化，先是从氢元素变成氦，然后又变成锂，等等。它比形成初期明亮了50%，而且更大，半径增加了15%。虽然没有确切的证据，但可以想象，这些变化已经在同时期影响了地球上生命的诞生。我们这颗恒星足够大，成了它所在星系的"女王"：它的直径约140万千米，是地球直径的110倍。地球的大小如同众多的太阳黑子中的一个，这些太阳黑子周期性地使太阳光亮的表面长出"黑斑"来。太阳的质量占据了整个太阳系质量的约99.9%，是我们地球质量的足足33万倍。太阳的平均密度虽然低于地球，但也足够高，这一点告诉我们，即使是一颗被人们误认为只是一个气体球的恒星，它的内部也含有大量的致密物质。

说到这一点，人们不禁会问，为什么太阳和其他所有恒星都呈现出球形结构呢？为什么它们不是立方体或金字塔形呢？这和自身引力作用下的数理结构有关，任何具有质量的物体都有引力。引力只取决于距离——准确来说，是取决于两个相互作用的物体的质量和它们之间的距离——即与具有质量的两个物体之间距离的平方成反比。因此，这产生了一个球形对称的引力场：一个具有质量的物体能够以同样的方式、同样的强度吸引所有同距同质量的小物质。就像我们看到的某一恒星一样，它的大小是由它内部的力的平衡所决定的：一方面，在引力作用下，气体分子向恒星中心移动；另一方面，内部释放的巨大能量使中心向周边膨胀，产生了向外的压力。

类似的说法也适用于行星，它们也是球形的。实际上，它们并不是完美的球体：除了自转会产生微小的差异以外，像地球这样的岩质行星表面是不规则的，有高山和洼地。行星的形状之所以不规则，也可以用几股对立力量之间的平衡来解释。我们以一栋摩天大楼来举例。它的平行四边形结构得以维持是由于它的结构不受重力的影响而坠落，多亏了支柱和大楼基础的支撑。如果不是这样的话，大楼的组成部分会落向地球的中心，在其表面聚集，促使地球更像一个球体。同样的讨论也适用于自然界的不规则物，比如高山。同样，很多类似小行星、彗星那样的相对较小的天体也呈现出不规则的形状，有的像雪茄，有的像圆盘。在这两种情况下，摩天大楼的工程结构或自然界的某种结构克服了引力的作用，使其呈现非球状的形状，而引力则会自然地"建立"球状的物体。然而，当物体的质量超过了一定的限度，它的结构就会崩塌，会陷入自身的重量中。这种情况会发生在一些大型天体上，如月球或地球，当它们形成的时候，引力显示出它强大的一面，结果就使其变成球形。对于恒星来说也是一样的道理。

恒星运转过程中的能量转化也是惊人的，其内部有一些类似热核熔炉中的反应：在太阳内部，每秒钟有6亿吨氢气被转化为氦气，质量随之发生变化（大约每秒500万吨的差异）。由于质能等价定律，这些能量中的一小部分转化为光子，为地球带来光与热，而一大部分则变成了数量巨大的中微子：它们是一种难以被探测到的基本粒子，产生于各种热核反应中，这些热核反应发生在太阳以及其他恒星的内部。太阳产生了如此之多的中微子，以至于每秒有约600亿个中微子穿过地球表面每平方厘米的面积，尽管地球距离太阳十分遥远，大约1.5亿千米。庆幸的是，中微子作用于包括生命体的地球物质的可能性微乎其微。否则的话，地球上就不会有生命存在，我们人类也就不用在这里担惊受怕了。

几十年来，太阳中微子的流量问题一直是困扰天文学家、天体物理学家和粒子物理学家的一大难题，直到2000年初，他们才找到了问题的最终解决方案。其实，早在20世纪60年代初，也就是1956年发现中微子后不久，科学家们就提出了这一问题。1956年，科学家通过核反应堆中的核子的受控裂变——大约每秒 10^{20} 次，找到了中微子存在的证据——实际上是反中微子。后来，第一波开创性的实验证实了在太阳的核聚变反应中能产生中微子，但是，测出来的中微子的流量明显低于预期，与太阳物理学模型预测的中微子的数量极不吻合。围绕"中微子失踪"这一问题的科学争论持续了很久，对于错误的各种指责也广泛流传于理论和实验物理学界。理论物理学家相信他们的预估是可靠的，而实验物理学家也坚信他们非常复杂的探测方法。最后，经过了各种推测和实验的澄清，人们得出了所罗门王似的结论：两个阵营都是正确的。

来自意大利比萨的物理学家布鲁诺·庞蒂科夫带来了问题的最终解，他基于量子物理学机制提出了"中微子振荡"（oscillazioni di neutrino），这是他早在20世纪50年代末就提出的假设。现在，中微子被分为三种：电子中微子、缪中微子和陶中微子，通过与物质的特别反应才能被区分。根据庞蒂科夫的假设（这一假设在几十年后成功得到了验证），存在一种可能性，那就是中微子在飞行过程中能自发变成另一种，比如从电子中微子变成陶中微子，再变回电子中微子等，这一过程像波一样振荡，对于像变色龙一样的粒子来说，这个过程十分典型。于是，对于太阳中微子失踪的解释就像哥伦布的鸡蛋。在太阳内核深处产生了电子中微子，然后它们飞出太阳表面，开始了一段8分钟、1.5亿千米的旅程，到达地球后，与地球上的探测器相互作用。然而，第一波开创性的实验所使用的这些探测器只对电子中微子敏感，它们并不能识别出其他种类的中微子，电子中微子在穿过太阳的物质体、从太阳到达地球的过程中已经部分转化为其他中微子了。

说到恒星的大小和种类，我们观察到了一个有趣的现象：从结构方面来看，虽然它们是相对简单的物体——巨大的炽热的气体球，伴有一个坚实的内核，它们复杂的物理运行机制却使其呈现出丰富的"动物学"属性。我们通过"红超巨星""白矮星"这些名字就能判断出恒星的大小和它们所散射出的光谱。比如，发出蓝光的恒星比发出红光的恒星"年轻"，而后者已经到了生命的末期。红超巨星尤其有意思，可以让我们了解很多恒星物理学的规律。它们是一些无比巨大的恒星，其体积比类似太阳这样的中等大小的恒星大几千倍，甚至几百万倍，它们可能在逐步地演变。

　　我们再来一起看看太阳。它现在已经处于生命的中期，正在稳定地燃烧氢气，产生氦气和能量。这一巨大的气体球正处于流体静力学和热平衡状态：向外辐射产生的压力和自身的引力处于平衡状态，引力会使恒星的质量向自身坍缩。这样的平衡状态将在大约50亿年后结束，届时这颗恒星将开始经历一个非常不稳定的阶段。在太阳的生命周期结束时，氢气将几乎完全转化为氦气，热核反应也将停止。太阳密度最高的中心区域将在自身重力的作用下收缩。残留下的一点氢气将占据太阳的一个内部区域，在那儿，依旧很高的温度将引发残留气体的聚变。同时，外层表面将开始膨胀，使得太阳的体积显著增加。因此，产生的能量将分布在一个比原来大得多的区域，这造成了太阳温度的降低，这样的温度对应的是红色。太阳将侵入水星的轨道，摧毁这颗小行星，从而使地球上的生命无法生存。50亿年虽然是一段非常漫长的时光，但这将是我们地球和它的居民生命的终结时间。宗教中所谓的世界末日被科学无情地预测到了。到了那时，地球的温度急剧上升，所有海洋中的水都将蒸发，大气层将扩散到太空中，因为构成它的原子的能量将非常高，不再受到地球重力的束缚而围绕在地球周边。如果这一幕出现的话，将会是人类和所有形式的生命灭绝的一刻。对于人类来说，对于想要进一步进化的物种来说，唯一的希望就是迁移到对生命足够友好且并不十分遥远的其他星球上。

如果恒星的原始质量最多是太阳的几倍，那么内核的坍缩过程就会停止。而对于质量明显较大的恒星，内核的坍缩将继续进行，由于星体内部的温度非常高，就会渐渐合成更重的元素。这个过程最终会产生剧烈爆炸，于是，超新星形成了。从字面意义来看，超新星的形成过程是爆发式的，因为它会引发巨大的爆炸。在爆炸中，所有构成超新星的物质会以巨大的力量抛射出去，很多新产生的元素散落到周围的宇宙空间，最终形成了行星上的物质和星际气体。另外，超新星喷发的物质产生的冲击波被认为是加速一部分宇宙射线辐射的"引擎"，这些射线袭击了地球和其他的行星，爆炸也加速了基本粒子的释放，通常是质子和轻质原子的原子核。对于我们人类的时间尺度来说，超新星爆炸是一个相当罕见的现象：在类似我们的星系里，平均每个世纪发生两次。

1987年2月22日至23日，人们目睹了一次壮观的超新星SN1987A爆炸事件。它位于大麦哲伦星云中，距离我们仅有

16.8万光年，也就是刚刚出银河系。事实上，爆炸发生在那一天之前的16.8万年，但由于遥远的距离，爆炸发出的光经过了16.8万年才到达我们这里。一颗恒星在其生命的最后阶段，从一个苍穹中不起眼的小光点变成了一个亮度仅次于月球的闪光体。超新星爆炸释放的总能量为10^{46}焦耳；作为参照，太阳一年释放的能量仅为10^{34}焦耳。然而，只有0.1%的能量转化为光，其余99.9%的能量都以数量惊人的中微子的形式释放出来。爆炸的那天晚上，每个人都被约10万亿个中微子击中。该事件标志着中微子、物理学、天体物理学研究的一个里程碑，也代表着一个重要的新学科的诞生：中微子天文学。日本的物理学家小柴昌俊通过他所发明的神冈探测器，明确检测出爆炸释放的少量中微子，他也因宇宙中微子探测方面的开拓性贡献获得了诺贝尔物理学奖。

有一个重要的方面需要说明一下，在超新星的形成过程中，内部极高的温度和密度会促成比铁更重的元素的合成，我们会在宇宙中，尤其在地球上找到这些元素。这些元素在爆炸中猛烈地喷射出来，在我们地球上合成了多样的化学元素，从而有助于生物多样性的形成，至于其他一些贡献，目前尚不清楚。因此，超新星是生命的缔造者，尽管距离太近的超新星爆炸会给生命体带来灾难性的后果。事实上，在一个特别近的超新星（几百光年或更少的距离）的爆发中产生的巨大的辐射量对于地球生命来说是致命的。也许地球史前的一些古老的（包括那些灭绝的）生命形式已经经历了这样的灾难。有一次灾难发生在约5.5亿年前，造成了地球上大部分生命体的死亡，但却为新物种的出现开辟了道路，今天的哺乳动物就从这些物种演变而来，然后，又出现了人类。

超新星爆炸的残余物形成了一颗中子星。恒星演化到末期，引力坍缩使得组成恒星物质的原子极度压缩，甚至电子被压缩到原子核中，同质子相互作用。具体来说，电子在原子核内被挤压，所带的电荷被中和，在各种相互作用中产生了数量巨大的中微子和其他中子。后者和之前就存在于原子核中的中子紧紧压缩在一起。因此，恒星的物质密度变得非常高，原子内部的空间消失了，整个中子星就是一个密度巨大的原子核。1立方厘米的"中子"物质可以重达5亿吨！一颗中子星的体积非常小，半径只有几十千米，表面的温度却极高，达到千万度。新形成的中子星一方面受到极强的引力的作用；另一方面，根据泡利不相容原理，原子核内的中子之间的斥力进一步抗衡了引力，这样，力的平衡就形成了。如果母体恒星的初始质量明显大于形成中子星所需的质量，引力将继续发挥巨大的作用，物质的坍缩将继续进行，最终会形成神秘的黑洞。关于这个黑暗的宇宙怪物，我们后面会讲到。

作为超新星演化的产物，中子星在宇宙中是相当常见的：根据预估，仅在银河系就有约1亿个中子星。它们另一个奇特的特征是会围绕自己急速旋转。母体恒星也会自转，就像几乎所有天体一样。当恒星的体积在自身引力作用下缩小时，它的旋转速度就会越来越快，这就好比一个滑冰运动员将手臂靠近身体来增加旋转的频率。中子星的自转频率可以达到每秒几百转。大多数时候，自转伴随着强烈的周期性电磁辐射，这样的天体又被称为"脉冲星"，人们在很遥远的地方就能看到它们，就像水手看到海岸边灯塔闪烁的光芒一样。

　　然而，布满宇宙的神奇物体还不仅是超新星、脉冲星和中子星。还有一种叫作"伽马射线暴"（Gamma Ray Bursts，缩写GRB)的"宇宙怪兽"，它伴随着巨大能量的释放。1963年，美国发射了"维拉号"卫星，用于监测苏联进行原子弹试验时产生的大量伽马射线，即高能光子。几年后，这颗卫星发现确实存在伽马射线的放射，但来源不是在地球上，而是宇宙空间。20世纪70年代初，当"维拉号"的数据被解密后，人们打开了一扇迷人的观察宇宙的新窗口。"伽马射线暴"指的是伽马射线强度在短时间内突然增强的现象，这一爆射释放的能量相当于在欧洲核子研究中心实验的粒子加速后的能量。爆射的持续时间从几百分之一秒到几十分钟不等，从宇宙的时间尺度来衡量，这个时间相当于昙花一现。然而，就在这极短的时间内，射线的强度非常大，因为它由大量的高能粒子组成。

　　导致伽马射线暴的主要原因是宇宙中的一些灾难性事件，例如超新星坍缩或中子星合并。在这些情况中，根据不同的物理机制，在射线暴的源头周围，产生了两种方向相反的、强烈的、高能的射线。在地球上差不多每天都能观测到一次伽马射线暴。人们发现，射线暴的源头在银河系外，因此非常遥远。但是，射线的强度极高，即使经过遥远的距离到达我们地球，释放的能量也是巨大的：射线暴在一秒钟内释放的能量相当于一颗典型的恒星在几十亿年的生命历程中释放的能量。不管怎样，伽马射线暴在星系中还是一个少见的事件。在大小类似于我们星系的星系中，每百万年才发生数次：这正是为何尚未观测到在我们附近发生射线暴的原因。

关于伽马射线暴对地球生命体的各种影响，人们已经做了很多研究工作。如果伽马射线暴发生在银河系内，从离地球很近到银河系中心这个范围，如果它准确、直接地击中了地球，很明显，将会产生破坏性的影响。事实上，被射线暴不幸击中的半球会受到大气层的保护，它将吸收大部分的主要射线。问题在于从中长期来看，巨大的能量释放将极大地扰乱盖亚假说提出的生态微平衡系统，大多数生物物种可能会消失。过去银河系中发生的伽马射线暴或许是地球史前生物大规模灭绝的合理原因之一。

现在，让我们回到形成第一代恒星的时刻。一旦形成，它们就开始助力构建原始的星系，这一切又得益于引力的作用。原始星系形成时间相对较早，宇宙大爆炸后5亿年可能就已经形成，有些来自气态原始星云。从那时起，很多的恒星和星系诞生、生存、死亡，这种活跃的轮回状态至今仍在宇宙的各个角落上演，循环往复，一刻不停。值得一提的是在大爆炸后的30亿年，恒星的数量急剧增加。如今，我们看到银河系里的恒星种类繁多、大小各异，同样的情况也会在其他星系中发生。

我们在之前还提到过"红超巨星"，有一些体积是巨大的："盾牌座UY"是迄今发现的最大的恒星，它的大小让人叹为观止，如果有需要的话，它完全可以作为巨大宇宙的一个明亮的标志。它是一颗红色特超巨星，直径是太阳的1 700倍，约等于10亿多千米。太阳和它的对比就好像一颗葡萄和一个直径35米的气球，而我们的地球就像一个针头大小。光线从盾牌座UY的一端穿到另一端要用两个多小时的时间。这颗恒星有一天将以一次惊人的超新星爆炸事件终结它的生命。（记住，当爆炸发生时，千万不要离它很近……）

在星系的深处，在恒星之间，基本上是虚空，有时一些稀薄的星际气体弥散其间。从另一个角度来看，假设一艘宇宙飞船以直线方式穿越星系，它只可能有10^{37}分之一的机会撞上构成该星系的数千亿颗恒星中的一颗！恒星可能体积非常巨大，但它们之间的距离也极度遥远。如果我们向太空望去，望向天空中没有星星的那片区域，银河系内的星际气体就可能被我们注意到。有一种情况可能会发生：在遥远的恒星之间的大面积的星际气体和尘埃可能会遮蔽恒星发出的光芒，致使我们认为宇宙中会存在没有星星的区域。

如果说银河系中的恒星之间的距离是巨大的——离我们第二近的恒星半人马座恒星距离我们4.3光年，那么星系之间的距离更加遥远。离银河系最近的星系——仙女星系和银河系很相似，它们之间的距离是250万光年。这一事实让我们再一次认识到宇宙实际是虚空的，就像我们之前看到的在原子和亚原子层面上，物质也是虚空的。因此，在宇宙中漂泊的宇航员可能会对宇宙完全绝望，甚至觉得它十分恐怖。无数闪烁的小亮光似乎嵌在宇宙这堵无形的黑暗外墙上，却未能照亮飞船四周那极黑、冰冷的虚空。更令人窒息和绝望的是，人们可能在宇宙中航行数百万年而碰不到任何东西：数学中关于无穷大、虚无的概念，精神范畴中关于孤独的概念都将在太空旅行中得以印证。

在原恒星吸积阶段的众多反应中，行星和小行星诞生了。在一个偏离星系中心很多的地方（这个星系几十亿年后被称为"银河系"），形成了一个中等大小的恒星，它的"尾随者"是一些行星，有的很大且是气态的，有的很小、岩石众多。这颗恒星被一群智慧生物称为"太阳"，这群智慧生物生活在距离太阳第三近、一个叫作"地球"的行星上，地球大约有45亿年的历史。这群好奇的生物很早就建立了基于人类中心主义的宇宙观，这个观点完全建立在假设的基础上——没有科学的支持，完全是宗教和哲学的设想——它认为地球和人类是宇宙的中心。

哥白尼进行了一次重大革命，他发现，是地球围绕着太阳旋转，而不是相反的情况，这就使"人类中心主义"这堵墙产生了一条深深的裂缝。其实，准确地说，连哥白尼的阐释也并不完全正确，因为在引力的作用下，太阳和地球都围绕着它们的重心旋转。然而，由于地球的质量只有太阳的百万分之三，因此，太阳相对于地球是静止的。地球围绕太阳旋转的平均半径为1.5亿千米，周期约为365天，后者由地球围绕自己的轴线自转的时间决定。即使与太阳相比，地球的质量可以忽略不计，由于两者之间的巨大距离，我们并没有深切感受到太阳的体积到底比地球大多少。如果说地球像一粒胡椒粉，太阳就像50米开外的足球那么大。

然而，太阳在整个宇宙"剧场"中并没有占据主角的地位。如今我们知道它只是构成银河系的数千亿颗恒星中的一颗。银河系就是一个相当标准的圆盘状星系，直径约为10万光年，厚度为5 000光年。我们的太阳及其尾随的行星位于银河系的外围，围绕银河系轴线旋转，周期约为2.5亿年。保守估计，在可观察到的宇宙中有1 000亿个星系——甚至可能有10 000亿个星系——宇宙中的恒星就更多了，至少有2×10^{22}个，也就是200万亿亿个恒星。

现在，我们可以重返奇妙的太空之旅了。绕过月球后，发动机系统被首次点燃，在其中就有布萨德喷气式发动机和反物质发动机。飞船以1.5 g的恒定加速度持续加速了一段时间。宇航员在地球上的体重为80千克，到了太空中增加到120千克，"肥胖"使他们稍感不快。令人惊讶的是，"卡拉维尔号"的加速度和地球重力产生的加速度没有任何区别，这再一次验证了爱因斯坦的等效原理，也就是重力加速度和其他形式的外力施加的加速度没有区别。飞船以恒定的加速度前进，速度不断增加，直到接近光速c。总而言之，在地面上行走比飘浮在空中要更好一些，尽管会付出更大的体力。然后，按照惯例，所有的物体会下落。它们当然不是朝着地心下落，而只是朝下运动，这个"下"由飞船飞行的方向决定。在飞船底部只有发动机舱和几百吨的反碳物质，因此物体自然向下运动。

我们开始正式旅行了。目的地是明确的，中途的各段行程也是确定的，我们要去探索的宇宙就像从移动的火车上看到的景色一样无聊。宇航员们还可以按地球上的节奏再过一段时间，每天睡眠8个小时。红超巨星正在等待着他们，有的很近，有的很远。尽管从科学的角度来看，这次旅程没有任何新颖的、让人意想不到的地方，但对于太空旅行者来说，它仍然魅力无限。

8

木星，太阳系的长子

出发后第9天

很幸运，我们能拥有这个星球。

我知道，我曾见过另一个。

——[美]迈克尔·柯林斯[i]

---

[i] 迈克尔·柯林斯，出生于罗马，美国宇航员。1966年参与美国登月计划。

出发9天后，我们便抵达了木星，其间，除了在月球附近稍做停留外，真是连一口气都没喘，足见"卡拉维尔号"推进系统的强劲。经过一段时间的持续加速，"卡拉维尔号"达到了相对论速度，系统关闭马达，停止了加速。随着飞船的减速，加上木星与它的卫星们之间的作用力，飞船被调转了方向。这时，一个巨大的氢氦球体逐渐进到了宇航员们的视野中，它看起来非常大，即使它与宇航员们之间仍有10万千米的距离——相当于地月距离的三分之一。需要穿越几条轨道才能靠近木星，距离虽然远，但以"卡拉维尔号"的速度，可以说转瞬即至。此时，飞船上的仪器正在收集着大气与地表的信息，地表在逐渐消失，边界越来越不清晰，并逐渐成了大气层流动的延伸。在木星上就不要妄图寻找到液态水了，但在欧罗巴（木卫二）的深处倒可以一试。木星有近80颗卫星，欧罗巴是其中之一。那么，欧罗巴深处的海洋里是否有生物存在的痕迹呢？哪怕是原始的、简单的生物？假如弄明白了这个问题，那对于地球之外是否有生命存在这一无聊的争论也将有个了结。这场争论起源于现代人的猜想，他们不愿相信自己是凭空存在的，也不愿相信生命是由"无生命"的宇宙物质自然演化而来的。

从这里看去，地球就像是宇宙圣诞树上的一枚小小的灯。这小小的一个点勉强能与同一背景中那些数不清的低光度恒星区分开来。我们离家仅0.5光时，那么在"卡拉维尔号"到达下一站之前，我们先来捋一捋，试着搞明白太阳系是如何诞生的吧！太阳系是由太阳及一系列按照牛顿力学定律绕着它转的行星组成的。

此前我们讲过，太阳是由先存的气态星云——准确地说是太阳星云演化形成的。太阳星云在引力的作用下开始收缩，引力同时作用于构成它的那些物质上，这个过程让越来越密集的物质开始自转，并在位于它们中心的原始太阳的周围形成一个吸积盘。吸积盘内聚集了恒星和微行星物质，以及由冰、尘埃甚至岩石等各类物质构成的微小物体，这些微小物体很大程度上是其他恒星死亡后所残留下来的。与太阳距离的远近产生了温度的差异，在太阳的周围，形成了岩石堆积，而各类气体和水则在吸积盘的外部和吸积盘温度较低的地方凝结成了冰。

在万有引力的影响下，岩石原行星不断吸附着微行星物质，体积不断增大，而最外侧行星的体积则能扩展得更大，因为与此同时，它们还承受着微行星气态、液态组成物的持续撞击。这一过程还产生了另一个结果：位于内侧的岩石行星，由于温度高且体积相对小，随着时间的推移，它们无法再捕捉气态物质；而位于外侧的行星，由于体积已经很大，且温度足够低，在它们的周围，很容易建立起大气层。此外，还有其他因素的参与，如火山活动，也能够帮助行星构建大气层，这是因为受重力影响，火山活动能够吸引有助于大气层形成的特定原子，至于为什么不是其他原子，这就跟原子自身的速度等条件有关了。

还有一部分微行星参与了制造卫星的过程。卫星形成有两种方式：一种是微行星通过生产次级吸积盘来形成卫星，木星和土星的卫星们就是如此诞生的；另一种是微行星通过与先存行星的撞击来形成卫星，地球的卫星——月球就是这样来的。正是因为这个原因，月球相对于地球来说，比其他卫星（例如木星的卫星们）较之它们的行星要大得多。微行星撞击持续了数十亿年且至今依旧活跃，撞击在行星的表面形成了无数的撞击点和陨石坑。这在那些不似地球一样拥有足够厚的大气层保护的行星身上尤为明显。其中一些行星，依据自身轨迹，又与构成太阳系的其他物质以不同的形式相互作用，随后，分别形成了火星和木星之间的小行星带和海王星轨道外侧的柯伊伯带。

在众多力量的共同作用下，我们现在的太阳系诞生了。虽然在我们生活的时间象限中，它显得十分稳定；但若将它置于数百万年或数十亿年的时间里去观察，它则非常活跃，甚至发生了相当大的变化。比如木星，受潮汐力、液态水流失以及内行星环境改变等因素的影响，它的轨道向太阳系的内侧发生了偏移。

除冥王星外，太阳系内所有的行星都在原始吸积盘定义的平面内，以椭圆形的轨迹围绕太阳旋转，这个平面被称为"黄道平面"。在地球上观察夜空时，可以看到行星们一个挨一个地大致排列在一条直线上，这条直线便是黄道平面的投影。

水星、金星、地球和火星这四个行星被称为内行星或岩石行星。水星离我们的恒星最近，距离约为1.5亿千米，是地日距离的三分之一，它有着一些独特且非常有趣的特征。首先是它的绕转运动。由于水星距离太阳非常近，要精确地描述其运行轨迹，就需要运用爱因斯坦广义相对论对经典牛顿力学所计算的结果进行细微的修正。广义相对论在狭义相对论的基础上引入了非惯性系和引力系统，因此，对宇宙中大尺度或大质量天体——比如对太阳附近的时空特征进行描述时，广义相对论的应用是具体和非常必要的。

根据牛顿力学原理，两个天体由于一种力而相互吸引，力的强度与它们质量的乘积成正比，与它们距离的平方成反比。理论上来说，万有引力能够作用到无限远。事实证明，即使是距离太阳最远、达数十亿千米的行星也会受到太阳的影响，固定在一个稳定的轨道上围绕着太阳运行。引力不仅作用于同一星系内的星星之间，也作用于星系与星系之间。它在宇宙力学中扮演着极其重要的角色：它的存在解释了绝大部分的天体运动，下至小天体，上至巨大的天体。

爱因斯坦的理论重写了引力的相互作用，并设法解答了一些更为细致的问题，这些问题是牛顿力学无法精确计算的，因而只能得出一个近似值，但从天文学的角度来说，已经十分令人满意了。事实上，在广义相对论中，引力是由时空弯曲造成的，而时空弯曲则是由天体的质量引起的。像水星这样的小行星之所以会被太阳吸引，是因为它落入了巨大质量的恒星所形成的时空洞之中；这有点像将一个重物放在展开的床单上，落入凹陷中的第二个物体则会围绕这个重物旋转，就像行星围绕着太阳转一样。此外，正如"卡拉维尔号"的宇航员们所熟知的那样，爱因斯坦的理论推测了机械加速度和引力场是相等的，因为二者所产生的效果是一样的。因此，我们在地球上感受到的力（即地球引力场）与在非惯性系统中（即加速运动中）所感受到的力是完全等同的。

在宇宙中，大质量物体的存在导致了时空的弯曲，而这种时空结构的改变才产生了引力。对引力的这一解释便意味着：即使是光子这样没有什么质量的粒子也会受到引力的影响。它们如同所有在弯曲时空中运动的粒子一样，不再沿着直线运动，而是进行曲线运动，就像水星或是任意一个绕着太阳运动的行星那样。1919年5月29日，亚瑟·爱丁顿在日全食期间进行的一项著名的实验证实了这一令人难以置信的运动轨迹。当时，太阳巨大的质量引发了时空弯曲，在实验中可以观察到，在时空弯曲的影响下，有些星体偏离了它们实际的位置。除此以外，其实我们每天都在验证着广义相对论的有效性，如果我们使用的GPS导航仪不对地球质量引起的时空变化进行校正的话，那卫星的指示将变得非常不可靠……

水星另一个有意思的特征是它的自转时间（约58.6个地球日）与其公转时间（约87.9个地球日）的比率恰好是2:3，这是由于太阳与水星之间存在非常强大的潮汐力。

从水星望向天空，太阳显得很有侵略性。由于水星没有真正的大气层，因此，在极黑的背景下，太阳显得更大、更亮。它的体积看上去是那个从地球上看到的太阳的2.5倍，亮度也达到6倍。太阳与水星的距离很近，这在很大程度上决定了水星的气候条件：正对太阳的区域，温度可达500摄氏度。由于没有足够厚的大气层，当它背离太阳时，温度会骤降至零下200摄氏度左右，并进入漫长的黑夜。水星的大气层十分稀薄，仅仅由极少量的被它磁场捕获的太阳风暴粒子以及从它的类似月壤的石质土壤中游离出来的原子构成。

从体积、质量和与太阳的距离这几个角度来说，金星可称得上是地球的姊妹行星。但除此以外，二者的差异远大于相似之处。从地球北极上方的某一点，可以清楚地观测到天体的旋转方式，太阳、地球，还有几乎所有的行星和它们的卫星都以逆时针的方式绕着各自的轴旋转，但金星却是顺时针旋转，而且非常慢，完成一次自转需要243个地球日。这是金星和地球之间第一个显著的不同。行星们之所以逆时针旋转，是因为在最初的时候，太阳星云收缩形成的吸积盘是以逆时针的方式旋转的。那为什么金星是个例外呢？这可以从两个方面来解释：第一，太阳与其他行星的伴随运动对金星产生了一定的引力干扰；第二，在金星形成大气层的数百万年间，潮汐力始终持续地作用于它。

地球拥有美丽的、富含氧气的大气层和广阔的液态水海洋，非常适合生命的诞生和绵延。而金星，作为一个距离我们很近又与我们很相似的星球，它的大气层却对生命十分不友好。这可能是二者众多的差异中最重要的一个。金星的大气层十分厚实，表面压力为90个大气压，由二氧化碳和约3%的氮气组成。空中充斥着有毒的硫酸云，平均地表温度接近500摄氏度。金星大气层的密度如此之高，以至于在这颗令人惶惶不安的橙色星球上，白天见不到太阳，夜晚看不到星星。

　　关于行星的大气成分，可以合理地假设，有一部分来自它们自身的火山活动，还有一部分则来自小行星、陨石、彗星所带来的气体和元素。金星和地球两个姊妹行星的大气层形成大抵也经历了类似的过程，尽管二者大气层的成分构成是截然相反的。如今的观测发现，金星的大气层只有微量的水，大部分都是二氧化碳，而地球上则是完全相反的状况。不过，在遥远的过去，情况可不一定就是这样的，甚至，金星上有丰富的水系和海洋也未可知。但与地球相比，它距离太阳更近，火山活动也不一样，因而产生了破坏性的温室效应，构成水的氢和氧被消耗殆尽，气温和二氧化碳量也逐渐攀升。而年轻的地球仍然被海洋所包围，这样的环境在如今已极为罕见，是数百万分之一的存在。

　　美丽如故的地球是目前我们最了解的行星：它是太阳系中唯一一个拥有大量液态水并且大气中还含有丰富氧气（约占21%）的地方。四十多亿年来，这些自然条件让由碳元素构成的生命形式得以发展、选择和进化，这其中就包括智人，他们甚至被赋予了智慧、好奇和良知。也正是因为他们与其他生物不同，智人从本质上改变了地球的生境。现在，我们正处于"全球变暖"的危机状况下，它会打破气候、地质、生物之间的微妙平衡，因而它对地球的整个宏观系统具有潜在的破坏性的影响。在过去的100年里，大气中的二氧化碳百分比增加了一倍。但重点是，人类在地球上以指数级的速度繁衍生息，又给气候和生境带来了悲剧性的改变，如果只是一味索取没有付出的话，还能持续多久呢？

火星则另当别论。火星也属于岩石行星，它比地球和金星都小，直径只有地球的一半，质量是地球的十分之一。它的表面含有大量的铁锈，因而呈现出红色。人们幻想着火星上居住着小绿人，而火星人后来也成了外星人的代名词。1877年，意大利天文学家乔范尼·夏帕雷利（Giovanni Schiaparelli）观测到火星上存在"水道"，这让人们更加坚信火星上有人类生活，遗憾的是，我们并没有证据支持这一说法。

早在20世纪下半叶，人们便开始通过探测器对火星进行系统性的探索，我们也因此了解到了它的许多物理特性和地质特征。火星的极地基本由干冰组成，即固态的二氧化碳，可能还含有少量的冰冻水，范围随着季节而变化。火星的大气层非常稀薄，这与地球和金星正好相反，它的化学成分与金星类似（95%为二氧化碳），因此，火星白天的天空是呈微黄色的。此外，火星白天的温度在零下150摄氏度至零上20摄氏度之间，这样适宜的温度也让人类产生了在火星上建立永久居住地这样的设想。其实，在"卡拉维尔号"出发前，人类已多次登陆火星，希望在那里建造一个可长期居住的基地，类似于火星空间站，用于接纳火星登陆者，并希冀它逐渐扩展成为科学探索和人类移民火星的前哨。不过这一次，"卡拉维尔号"不会在火星上停留，因为我们有更雄心的计划……

火星是一颗尘土飞扬的、满目荒芜的星球，到处都是大峡谷和巨大的火山。它在猛烈的沙尘暴下显得摇摇欲坠，不过，这里有非常明显的海洋和雨水存在过的痕迹，这表明它曾经拥有丰富的水资源。因为有大量的二氧化碳的存在，远古时代的火星也同样发生过温室效应。但很快，二氧化碳就被水困住，继而渗入土壤、岩石，温室效应消失，火星也逐渐变成了如今干旱的沙漠化的模样。现在，火星的大气压还不到地球大气压的1%，这阻断了其地表存在液态水的可能；因为在这种情况下，水在低温中也会"沸腾"，变成水蒸气，而后消失在太空中。福波斯和戴摩斯这两颗小行星被火星的引力所捕获，成了这颗红色星球的两个小卫星：火卫一和火卫二。

在火星轨道以外，距离太阳约3亿—6亿千米的地方，有一个圆形的小行星带，其内约有一千万个小行星、微型行星、岩石块等小天体，它们中最大的是谷神星，直径有1 000千米，而其他绝大多数的天体都极其微小。行星带上小天体的总质量还不到地球质量的千分之一，它们彼此间的距离又非常之远，所以这一行星带占据了十分庞大的空间。历史上，几乎所有撞击过地球和月球的陨石都极有可能来自小行星带内的天体碰撞，未来也是一样。

　　小行星带以外是外太阳系，而外太阳系距离太阳和巨行星的王国十分遥远。巨行星的质量占据了太阳系所有行星质量的99%以上。木星是巨行星王国中的老大，它距离太阳约8亿千米。尽管它本质上是一颗气态行星，但它的半径是地球的11倍，质量达地球的300多倍。木星有大约80颗卫星，其中一些甚至还具有行星的地位。木星的成分与恒星类似，假如它能再大上100倍，它就能燃烧并发出自己的光了。

　　分布在木星致密的金属内核周围的主要是液态氢和极少量的液态氦。由于与太阳的距离极其遥远，木星上十分的寒冷。木星的大气成分与它的内部成分类似：89%的氢气、10%的氦气，还有微量的甲烷及其他气体。科学家们推测，木星上出现的一种非常壮观的大气现象恰恰与甲烷有关。当木星上刮起剧烈的风暴，天空也变成深蓝色的时候，闪电从甲烷中分离出一种碳尘，碳尘颗粒不断坠落，变得越来越大，转化为石墨，而后又转化为非常纯的碳结晶，也就是钻石。碳结晶与大气层最底部接触后，在巨大的压力作用下，从固态转变为液态，于是木星上便下起了梦幻的宝石雨，这是一种难以想象的奇观。但即便没有壮观的宝石雨，对"卡拉维尔号"的宇航员们来说，木星也已经足够美丽，它表面的彩色条纹让他们深深地陶醉。

　　土星内部和大气的构成与木星非常相似。虽然在希腊神话中，木星是它的儿子，但它的体积却要远远小于木星。令人震惊的是它与太阳的距离：约为15亿千米，1.3光时。土星周围环绕着一圈又一圈十分漂亮的环，这是它最显著的特征。土星环形成时间较晚，由数十亿个天体碎片构成，这些碎片的主要成分是冰冻水和岩石。碎片有大有小，小到一颗沙粒那么小，大到地球上的一座山那么大。环，是体积较大的外行星的共同特征，天王星和海王星也都有环，只是不太明显。天王星、海王星与木星、土星这两颗气态巨行星的不同之处在于它们的构成，它们内部成分主要为岩石以及各种元素的冰状物如冰冻水，它们的大气层主要由氢气和氦气组成，同时，也含有大量的气态甲烷。天王星和海王星距离太阳更加遥远，分别为28亿千米和45亿千米。

在寻找外星生命的探索中，人们发现，庞大的外行星拥有很多的卫星，其中有些卫星的体积还相当大，比如土星的卫星泰坦星（土卫六），它比月球大得多，包裹着厚厚的、以氮气为主要成分的大气层。除了体积巨大以外，木卫六还有一个特别之处，那就是在它的星球上，不仅发现有外来物的存在，还有大片的液态甲烷湖，像极了美丽的陆地湖泊。还有的外行星的卫星内部可能存在着大量液态水，比如之前提到的欧罗巴（木卫二）。欧罗巴是伽利略发现的四颗木星卫星中最小的那颗，仅仅比月球小一点。它是一颗相对年轻的星球，因此表面光滑且没有陨石坑。木卫二由非常坚硬的冰冻层构成，平均温度低于零下150摄氏度。人们认为，在冰冻层下有一个巨大的液态水海洋，深度超过100千米，也许能够容纳各种动植物生命，而一层极轻的氧气层的存在则证实了这一希望。

冥王星丰富了太阳系行星的名单，但它与木星、土星、天王星、海王星这四个巨行星有着明显的区别。它围绕太阳转的轨道非常奇怪，是偏心的，轨道距离太阳从44亿千米到74亿千米不等，最近的距离甚至比太阳到海王星的距离还要短。冥王星轨道周期达248个地球年，且其轨道相对于黄道平面有约17度的明显的倾斜。冥王星通过引力锁定其卫星卡戎的同时，也被卡戎的引力完全锁定，这就意味着二者有着相同的地位，而不是像月球那样完全绕着地球旋转。这就导致了这样一个结果：只能从冥王星的一侧看到卡戎，从另一侧则无法看到。那么，生活在背离卡戎的那个半球的冥王星人想要一睹卡戎美丽的容颜，就必须组织一次长途旅行了。

不过，冥王星的特别之处还不止于此呢！比起它那些大高个的兄弟，这颗小行星像个小矮人，而且它与海王星的卫星崔顿（海卫一）极其相似，所以很有可能也是被海王星的引力所捕获来的。因此，它的行星地位也遭到了质疑。冥王星的冰冻表面主要由固态氮和如梦似幻的冰山构成。"新视野号"探测器于2015年拍摄的照片显示，冥王星表面是五彩斑斓的，这表明冥王星上可能存在被称为生命基石的有机大分子物质。

最后，让我们来比较一下行星们在整个太阳系中的大小关系。虽然已经说过很多次，但我还想再强调一遍，宇宙空

121

间本质上是空的，天体之间的距离遥不可测。假设在银河系地图上，地球的大小是1平方毫米，那么对应的，木星的大小为1平方厘米。若保守地将冥王星的轨道作为太阳系的边界，则太阳系的表面积在这张地图上为1平方千米。这张地图显然比科普图片更为真实，因为在科普图片中，行星并没有按比例来表现，只是非常艺术地排列在了一起……倘若以银河系为参考，大小的悬殊则更加让人印象深刻，太阳系将从前面提到的1平方千米缩小至一粒弹球那么大，而银河系的覆盖面积则相当于美国面积的大小，下一个具有差不多面积的星系则会出现在距离银河系三分之一或四分之一地月距离的地方。这对于人类中心说的理念，以及如今人类可以在浩瀚的宇宙中享有特殊角色这样的想法来说，的确是一个致命的打击。"卡拉维尔号"的宇航员们深知这一点，这也让他们在太空探险中满怀着谦卑，在面对大自然的威严时心存敬畏。只不过，探险的意义又让他们忍不住充满了自豪感，毕竟，人类有能力去感受宇宙那让人无力的美，甚至可以贸贸然地去挑战它。

现在，我们结束了木星之旅，"卡拉维尔号"重新点燃引擎，加速飞行，下一站会历时更久一些。

9

太阳系的边界
出发后第153天

闭上眼睛我看得最清晰，

因为在白昼它们对一切都熟视无睹，

当我入睡后，在梦里望着你。

—— [英]威廉·莎士比亚

"卡拉维尔号"以1.5g的加速度在星际间飞行了4个半月，大部分时间里，宇航员们都在进行测量和实验。慢慢地，飞船离开了行星们绕转的黄道平面。飞船在达到光速的30%左右的时候开始刹车，仿佛一场半路叫停的比赛；进入奥尔特云后，飞船开始颠簸。根据狭义相对论，此时飞船的速度非常有限，宇航员们的航行时间相对于地球上的时间来说要少两天。漫长的几周后，在穿过了无尽的黑暗和虚无，感受到宇宙的虚空后，"卡拉维尔号"上的仪器识别出了许多彗星核，它们围绕着太阳，呈球形排列，总数可达数万亿个。此时，彗星们仍处于熄灭状态，但它们随时准备奔赴太阳。数以亿计的、冰冷的、丑陋的岩石、尘埃和冰的集合体在等待着太阳的到来，等待太阳将它们点燃，化作彗星供人类欣赏。那些最终化茧成蝶，更准确地说是变成萤火虫的彗星们是需要很大运气的。太阳，现在看起来不过是一颗距离我们21光日的不起眼的小星星。比起银河系长长的星带中更加明亮的恒星，太阳也显得暗淡无光。

此时，宇航员们与地球间的通信变得有些费力。在此之前，日复一日地重复着"一切都好"，但从下一站开始，我们与地球基地间的信息传输将完全停止："漂流瓶"中的消息只能空守着宇宙的黑暗，却得不到任何的回复。

太阳系的界限并没有那么明确，因为不能单纯地用行星围绕太阳运行的轨迹来定义。正如我们前面所说的，冥王星的轨道就是一个特例。太阳系内还存在许多小体积的天体，与那些大行星相比，它们没有固定的轨道，如小行星和彗星。特别是彗星，千百年来，引发了人类无数的猜测与幻想，用魅力征服了人类的想象。想想哈雷彗星吧！它一直被装点在耶稣诞生的场景和圣诞树上。我们从科学角度来谈谈彗星吧！2014年，欧洲空间站发射的"罗塞塔号"飞船经过长达10年的漫长飞行，与被称为Churyumov‐Gerasimenko的彗星相遇，它的"菲莱"探测器成功地降落在了彗星核上，并发回了有关其化学地质结构的宝贵信息，还有那些徘徊于太阳系内冰冷的、难闻的岩石山的有趣照片和视频。岩石山气味是通过对散发到探测器表面的气态元素进行分析而得出的结论。通过在地球实验室中重建的这张大气草图，科学家们可以再现彗星的气味：着实令人作呕！

彗星由岩石碎片和冰块碎片组成，长度可达几十千米。当彗星从寒冷的太阳系深处抵达太阳附近的时候，构成彗星核的冰物质升华，直接从固态变成气态。气体膨胀后形成了彗星的彗发，长达数千千米。然后，彗发的物质与太阳发出的光及其他粒子相互作用，即与太阳风相互作用，形成了壮观的彗尾，长度甚至可达到数千万千米。由于与太阳相隔一定距离的相互作用，彗星的尾巴总是在背离太阳的方向，无论它们与太阳的距离是远还是近。

但是彗星的冷物质内核是从哪里来的呢？太阳系黄道平面的范围从海王星轨道起至冥王星最外侧轨道以外，即与太阳相距45亿至75亿千米的地方。这附近聚集的小行星和彗星核，组成了柯伊伯带。多年来，在这里发现了许多天体，其中也不乏大体积的：有一些只比冥王星稍小，如塞德娜（小行星90377）、亡神星（小行星90482）、夸欧尔（小行星50000）、伐楼拿（小行星20000）。这不禁让人们猜测，冥王星和卡戎也不过是居住在柯伊伯带的两个较大的小行星。位于黄道平面附近的、绕日运行周期短的彗星（周期仅为100多年）来源于由柯伊伯带内原本存在的以及后来产生的物质。

然而，我们也知道，也有绕日运行周期长的彗星，周期可长达10万年甚至100万年，它们与行星的轨道——黄道平面相距甚远。20世纪50年代，荷兰天文学家奥尔特提出了一个假设，即存在一个更广的星带，这个星带被称为奥尔特云，它被认为是长周期彗星的发源地。奥尔特云可能是太阳星云的残留物，由于距离太阳太遥远且又不那么明亮，因此未能进行实质性的探索，但它的存在是有间接观测证据支持的。奥尔特云比柯伊伯带更加遥远，它距离太阳约4 500亿至15 000亿千米，即2.5个星期至8个星期"光年"。"卡拉维尔号"并没有前行太多。奥尔特云中包含了超过10 000亿颗彗星核，总质量比100个地球还要大。然而，鉴于它实在太过广阔，彗星核之间的距离普遍大于几百万千米，因此，"卡拉维尔号"没有与它们相撞的危险。球冠结构而非柯伊伯带的环状结构是奥尔特云的主要特征，这样的结构支撑了关于奥尔特云起源的假设：在太阳系形成早期，巨行星与古老的微行星在奥尔特云内相互作用，后者被巨行星的引力推出并远离太阳系中心，这个过程使奥尔特云形成了对称的球状结构。

小行星和彗星也在地球生命的诞生和进化中发挥了重要作用。想想看，我们地球上是有水的，火星和金星上也有，只是比较少。这是什么原因呢？因为在数十亿年间，彗星与它们的撞击不断地向它们输送着水，这可能也是内行星海洋形成的原因，至少是部分原因吧！但同时，在某些情况下，小行星和流星也造成了生物物种的大规模灭绝，正如6 500万年前，一颗巨大的小行星撞击墨西哥湾后恐龙的遭遇那样。在远古时代，巨型陨石的撞击导致地球尘土飞扬、海水蒸发，产生了巨大的温室效应。1908年6月30日，一颗直径约100米的陨石或是彗星在西伯利亚通古斯地区上空猛烈爆炸。这悲剧般的陨石撞击所释放的能量比广岛原子弹要大得多，幸运的是，它发生在无人区。两千多平方千米的土地上，数百万棵树木被摧毁。如果陨石掉落在一列大型地铁上，它能把地铁夷为平地。

但另一方面，这些撞击也对地球上生命的发展起到了有益的作用，生命构成的基本要素以及构成DNA、RNA的基本物质正是在这些空间天体与地球碰撞的时候来到地球上的。流星就更不必说了，它们的突然出现让人类感到惊讶与兴奋，它们成了人类永恒的梦想和希望的源泉。通俗地来说，流星是陨石或是小行星的微粒，凭借飞行的速度，它们与地球大气层擦出了火花，描绘出一道美丽而明亮的轨迹，划破夜空。

在这两周里，"卡拉维尔号"的宇航员们对彗星进行了计数与分类，研究了它们的生物和化学属性，现在，他们正在切断最后的脐带：是时候离开太阳系这个极端不稳定的家园了。AI已准备好重启"卡拉维尔号"，让宇航员们在无菌低温舱中打个小盹儿，以便在下一次漫长的太空飞跃中度过一个个不眠之夜。这第一次"冬眠"纵然让宇航员们感到兴奋，但前路仍然充满陷阱与未知。不过，当他们醒来的时候，等待他们的将是一个闪亮的惊喜。

晚安……

⑩

另一颗恒星与另一颗行星

出发后的5年287天

我忍不住去想，月球和木星上有人居住也并非是不可能的。现在，那些新的区域第一次被人们所发现，如果有谁学会了飞行术，那么我们人类中兴许会有这些地方的移民。有了船，配上了帆，乘风翱翔，即使面对的是浩瀚无际，也不会感到害怕。

—— [德]约翰尼斯·开普勒

对于"卡拉维尔号"的船员们来说，距离飞船加速离开奥尔特云已经过去了5年多，行驶了大约40光年的距离。当减速阶段结束的时候，宇航员们慢慢地从冬眠中苏醒：舱内温度逐渐升高，细心而又高效的AI通过与之相连的机器人小组来对他们进行身体检查，如果需要启动治疗程序，AI也能应对自如。它是这次长途旅行中唯一保持着"意识"和警惕的船员。

冬眠无疑是我们奇妙旅程理想的解决方案，无论如何都是必要的。现有技术能够百分之百地保证宇航员们各项生理机能的正常运行。他们的身体被冷却到约10摄氏度，通过静脉获得营养补给。他们处于轻度昏迷状态，感觉不到时间的流逝：对他们来说，在睡眠中度过的那段漫长的时间也不过一瞬，相比之下，远远短于AI度过的5年和地球人度过的40年。从心理学的角度来说，冬眠让这段旅程更易被宇航员们所接受，这是因为，如果要长时间在一个相对有限的空间内共处，宇航员们之间不可避免地会产生交集，冲突和不便是在所难免的，而冬眠大大地减少了这些琐事的发生。

冬眠的优点是多方面的。首先，冬眠只是降低体温而非将身体冷冻起来，因此它不会破坏体液。许多陆生动物会本能地利用冬眠来增加它们在恶劣环境中生存的机会。其次，在冬眠时，宇航员们对氧气和热量的消耗降低到了正常值的百分之几，这就减少了飞船补给的压力，大大地降低了对初级产品的消耗。他们的新陈代谢也相应放缓，因此，生物废物（如尿液）也明显地减少了。飞船持续加速所产生的人造重力能够维持宇航员们正常的肌肉张力，这一点自不必担心。此外，小小的冬眠舱更容易被保护起来，从而减少电离辐射对宇航员们的伤害。必须指出的是，冬眠状态可以增加细胞对辐射的抵抗力。这对于宇航员们来说特别重要，因为宇航员们在星际旅行的一天内所累积的辐射量（剂量）相当于在地球上一年所接受到的辐射总量。在地球上，一年中人们所受到的自然界背景辐射约为1—2毫西弗，相当于做了两个普通的X射线检查。最后，不可忽视的一点是，对于冬眠的宇航员们来说，他们的细胞老化过程会大大减缓，也就是说，在这段时间里，他们的生理年龄并没有增加。

当"卡拉维尔号"的宇航员们醒来的时候，他们一定会感到兴奋，随后则是强烈的失落感。

他们想到地球，想到地球的居民，想到他们自己的家人和朋友。虽然在他们的协议中，并未言明太空旅行的时日，但他们知道，对于最亲的人来说，并不是闭眼、睁眼那么简单，而是已经过去了40年。他们会本能地去想，几年后，哪些人长大了，哪些人老去了，又有哪些人永远地离开了。但宇航员们对这一切抱有清醒的、随缘的态度，悲伤对他们没有意义，因为在旅程的下一站中，无论他们如何想象，结论依旧是令人伤心的。唯一的慰藉是，他们可以想象自己的后代，尽管在空间、时间、心灵和思想上彼此之间依然那么遥远。

当然，他们也会为当下独特而奇妙的时空而欣喜若狂。"卡拉维尔号"已经在Trappist-1e的轨道上行驶了好几天，Trappist-1e是第一颗人类所接近的系外行星。"卡拉维尔号"距离一颗名为Trappist-1e的美丽的超矮恒星仅450万千米，这颗恒星位于地球人所说的宝瓶座，从飞船的舷窗望去，甚至可以看到它的那些行星沐浴在它特有的红光之中。Trappist-1e的周围环绕着其他6颗行星，它们以一种优雅的姿态呈现在宇航员们的视野中，每颗行星都清晰可见且十分明亮，要比月亮之于地球大得多。真是一个奇特的景象！

什么是系外行星呢？为什么它们被人类认为是宇宙中最有趣的物体呢？它们是太阳系以外的行星，是其他恒星的伙伴。我们希望，有一天能通过它们获得与我们类似的或与我们完全不一样的外星生命存在的证据。实际上，太阳系内行星和卫星的物理条件也许可以孵化出相对简单的生命，并非没有这样的可能性。但这些条件都不足以与地球的环境相匹敌，在几十亿年中，地球孕育出了复杂而智慧的生物。

从物理和化学的角度来看，对生命物质的研究和对无生命世界的研究是大不相同的。至少从表面上来看，后者没有历史或是拥有了太长的历史。不过，可以肯定的是，生命即意味着历史，因为，任何生命都会为了适应环境而做出改变，不做出改变的生命形式是不存在的。查尔斯·达尔文的这条关于生物学的初步想法随后被物理学和宇宙学所接受，当然，并不是在同一时期内就得到了认可。这一观点能被他们接纳的一个重要因素是，此类情况在物理学和宇宙学领域中10亿年也难见几回，但在生物学领域却是一种常态。

因此，生物学是一门历史科学，它依赖于生命曾经做出的选择。通过生物学，我们了解到，生命总是处在一个十字路口上：要么向右，要么向左，但没有哪种选择是必然的。能够发现和研究外星生命是十分重要的，因为可以检验我们所提出的生物学主张是必然的、普遍的，还是仅仅适用于地球上的生命。我们几乎可以肯定，后者是正确的。但对于科学来说，除非有实验进行验证或反驳，否则永远没有绝对。毋庸置疑，假如我们遇上其他形式的智能生命，那将打开无法想象的新世界的大门。不过，也许并非所有的情形都如我们所期待，正如史蒂芬·霍金提醒我们注意的那样："也许有一天，我们能收到类似于我们星球的行星所发出的信号。但我们在回应这些信号时，必须慎之又慎。如果我们真的遇见了某种先进文明的话，情况可能会和美洲土著居民遇见哥伦布差不多。不会有什么好结果。"

然而，在历史上的几千年里，我们都相信自己不仅是宇宙的中心，而且还是唯一居住在宇宙中的人，相信人类及其他各类附属生命是神的天才设计。这些附属生命被分为了植物世界和动物世界。乔尔丹诺·布鲁诺提出了更为复杂的假说，比如世界上还存在其他星球，在这些星球上，生活着像我们一样沐浴着上帝荣光的人。这个假说随着布鲁诺被处以火刑而烟消云散了，也许因为存在多种文明也就意味着教会和神职者也并非唯一，因此这一假说对于当时的罗马教会来说当然是不可接受的。

天文学和宇宙学的进步带来了人类中心主义的终结，随之而来的是人类对宇宙复杂性和宇宙浩瀚的认知，近几个世纪以来，关于外星生命的想法也越来越多。《2001：太空探险》一书的作者阿瑟·克拉克说："存在两种可能性，要么我们是宇宙中的唯一，要么不是。这两者同样可怕。"

1990年，天文学家第一次发现系外行星，但因为距离问题，仅能辨识出位于太阳系恒星周围的系外行星。截至2018年，科学家通过各种实验方法确认了近4 000种系外行星。第一种方式，使用强大的望远镜直接观察，这种方式效率低下；第二种方式，观察恒星的小周期运动，证明存在一个行星恒星双轨系统围绕共同的重心运行。但迄今为止，最有效的方式则是测量指定恒星的亮度变化，因为系外行星会在地球和恒星之间周期性通过，大多数的系外行星就是通过这种方式被发现的。当发生某"食"的时候，行星遮挡住恒星的部分表面，我们通过望远镜观测到的恒星的光辐射量会有所减少。如果这种光辐射的减少是周期性的，且在很长一段时间内都是恒定的，那么这就是有行星围绕参考恒星进行轨道运动的明确证据。

从最早发现系外行星开始，科学家们也对它们的物理化学特征以及大气成分进行系统地研究，光线会因为穿过大气层而发生改变，因此，分析恒星对地球光辐射的成分变化，就可以判断出行星的物理化学特性和大气成分。通过精确的数据分析，我们可以了解到行星的许多特征，如它们的质量、公转和自转周期、轴的倾角、温度，以及对寻找外星生命十分有帮助的行星的大气和表面构成。

很自然地，也许我们的宇宙中有无数的其他星系在以同样的方式运转，在可观测的宇宙中还存在着大量的潜在的系外行星。没有什么能阻止我们这样去假设。我们已知的，在可观测的宇宙中，保守估计有20万亿颗恒星。这是一个难以想象的数字，庞大到令人咋舌，特别是当我们观察到每颗恒星都可能伴随着至少一颗行星的时候。因为从某种程度上来讲，轨道行星会随着恒星的诞生而产生，这个过程发生于吸积盘形成之后，是恒星演化的必然产物。

正如我们所见到的，宇宙中存在各种类型的恒星。如果我们将体积和年龄限制在与太阳相似的平均范围内，那么其中约有20%的恒星在所谓的宜居带中拥有一颗行星。明确地说，在这一轨道距离上，行星能够拥有液态水和足够稠密的大气层。据此，我们预测，仅在银河系，像地球这样的行星就至少有100亿颗。因此，在宇宙中，至少有1万亿个地球，它们也许可以孕育出与地球上相似的生命。也许有一天，这个不可思议的数字将从可能转化为确定。

然而，以当前我们自己的经验来说，地球上现有的物理、化学条件相互作用并创造出一种有意识的生命形式需要几十亿年的时间；首先生成能够自我复制的分子，进而产生氨基酸、蛋白质以及其他用于形成日益复杂得多细胞结构所必需的物质。达尔文提出的自然选择则负责从中选取适合地球特定化学物理环境的生命形式。有这样一个较为合理的假说：能够进行自我复制的大分子（即所谓的复制者）进行随机构建，从而产生了生命，而后生命开始在地球上繁殖。这些物理化学反应是我们已知生命诞生的基础，它们可能发生在某个海底火山的附近，在那里，各类复杂的元素、水和能量形成了比例恰当的混合物。然而，其他的假说也同样合理，比如，陨石或彗星对被称为"生命之砖"的分子是有贡献的。细菌、单细胞生物无疑是地球历史上最早出现的生物之一，最早的初级细胞生命形式可以追溯到近40亿年前。

第一则启示是生命（可能）是宇宙星体共同的特征。我们可以思考，在无穷无尽的行星上都生活着什么样的生命，这样想就很有趣。从这个角度上来看，地球生物的多样性是多么的了不起啊！不妨想一想细菌和大象、蚱蜢和猩猩之间从体形到生物学上的差异，更不必说那些在进化之战中失败的、已经灭绝的物种，如三叶虫、猛犸和暴龙。也许很快，老虎和犀牛也会加入消失物种的行列，不过这一次，它们的消失是因为另一个活着的物种——智人。

考虑到地球大气层的化学成分和密度、地球上的温度条件、液态水的可用性、地轴的倾斜角度以及它与太阳这一主要能源之间的距离，地球生命是围绕碳发展起来的。这种元素很容易与氧、氢、氮结合，形成构成生命基础的化合物。生物的各种化学反应可以将能量转移到生物系统内，并将其用于进化或自然选择，即通过有性或无性繁殖将遗传物质传递给后代。达尔文式的发展也带来了具有良知和智慧的物种，即人类，他们可以适应各种气候条件，甚至是极端的气候条件，他们占领、统治地球，改造地球，让地球为我所用，只不过并非总是正确的、有远见的。

当然，与上述简单化的观点不同，并非只有以碳为基础的地球生命才能繁殖和发展，至少从理论上来说不是。尽管我们不可否认碳是地球上最好的化学物质，但我们依然可以假设生命是建立在其他物质之上的，例如硅，这种物质在沙子中很常见，现在专门用于构建电路。然而，硅的缺陷在于它的物理化学性质决定了它无法制造出足够复杂、稳定且由多原子组成的分子。这样的局限性会阻碍作为生命传播基础的大分子的构建，例如DNA。就像计算机内存一样，基于硅的分子生物链可以存储的信息数量会少得多。此外，这些分子易溶于水，因此并不稳定。然而，在与地球截然不同的生境中，氮或磷也可以扮演碳的角色。而在一个大气中富含氢的世界中，动物应当呼吸氢气，而氢气则由外来植物产生。

因此，我们假设，位于银河系恒星宜居带里的数十亿颗行星最终都满足了碳基生命的发展条件，就如同我们一样。此时，另一个问题出现了。如果我们的目的不仅仅是在系外行星上发现任何形式的生命，如病毒、细菌或是简单的植物，而是要与绿皮肤的朋友（或敌人……）一起找到智慧生命存在的证据的话，那事情可就复杂了。我们的地球已经存在了约45亿年。第一个初级生命是在其形成约5亿年后出现的，而人类则在几百万年前才出现。经过700—800万年漫长的生物进化，我们得以和与我们拥有共同祖先的猴子区分开来。真正的文化在几千年前才终于发展起来。现在，可以对地球上人类的未来做一个展望了：从悲观的角度来说，资源匮乏、全球变暖以及可能发生的核战争和新的疾病无疑会导致智人物种的灭绝，或至少让幸存者们回到洞穴时代；但从乐观的角度来看，如同过去的两三百年一样，在未来，人类的进步速度将继续以指数级增长，人类将继续巩固其地球主人的地位并为统治其他星球而开辟道路。不过，无论我们的未来如何，有一点是明确的，即通信也应该是其他潜在外星文明的必经之路。因此，我们遇到智慧生物的概率可以进一步降低，相当于人类文明的这几千年与达到我们文明水平所需要的四五十亿年之间的比例。这一事实意味着，在大多数情况下，在地外行星上发现的生命形式也仅限于非常初级的植物或动物。

最后，别忘了我们曾讨论过宇宙是多么的浩瀚，星辰和星系稀稀落落地散落其中，它们之间的距离太过遥远，无论以何种类的电磁波进行通信，最简单的问候交流也需要数百年或数千年时间。鉴于"卡拉维尔号"在执行此次任务之前也并没有接收到任何来自外星智慧生物发出的信号，我们可以说上述思考也是完全合理的。当然，以上并未将UFO文学以及互联网上与之相关的阴谋论和假新闻考虑进去，因为在我们的飞船出发前，还没有科学证据能证明它们的可靠性。

那会不会出现高级的外星生命呢？什么因素可以决定外星人的外貌呢？在地球上，由于一系列积极的、进化上占优势的突变，人类从与猴子共同的祖先进化而来。他们的大脑更重，脑容量相对更大，拥有说话的能力、直立的姿态、对生的拇指以及对环境的适应力等。但他们也无法阻止其他动物物种，如啮齿动物、爬行动物，以同样积极的方式进化啊！否则，人类的样貌便会与现在完全不同了。气候的变化或是宇宙的某一事件足以让灵长类动物灭绝，并促使其他生命形式的出现。不同的时间会有不同的进化结果。也正是出于这些原因，不太可能有酷似我们人类的外星人或是类似于地球上灵长类动物的外星人出现。为了让你们信服这一点，我们还是得回顾一下地球物种巨大的多样性。物种的决定因素在于行星宿主的具体特征。地球上的动物群包括人类的出现，一定是跟地球的历史有关的，包括几百年的进化、气候变化，以及外部事件如陨石撞击或是与地球距离太近的超新星的爆炸所引起的大规模的动物灭绝。这就意味着，即使在相同的地质和环境条件下，即在有一颗与地球一模一样的、具有相同的天文学和天体物理学特征的星球上，进化也会以不可预测的路线展开，因此，结果将会有明显的差异。

例如，大气中的含氧量会改变心肺循环系统，大气密度会影响发声器官和听觉器官，光照则可以决定视觉系统，要不人类怎么不能看到红外线或紫外线呢？重力是由地球的大小和密度决定的，而它最终会影响地球上生物的骨骼肌肉系统和体形。恐龙以某种方式进化成为地球上最大的生物，而昆虫和小型哺乳动物的成功进化也证明了这一点。行星的平均温度、昼夜温差或季节交替的周期是由行星自转轴的倾斜度以及它围绕其参考恒星的公转周期决定的。大气密度和大气成分能够决定物种暴露于宇宙射线中的程度，不同程度的辐射量会引起不同程度的基因突变。如此种种。

关于宇宙中生命的诞生，以色列物理学家阿维·莱布提出了另一种有意思的可能。创世大爆炸38万年后，光首次出现于宇宙中。那时候，宇宙密度极大，温度可达上千摄氏度。此时，非休眠状态的空间膨胀带来的某种效应逐渐削弱了填充于空间内的"光"能源，从而使温度降低。这种效应与多普勒效应类似。据估测，在那之后约1 500万年，宇宙的温度降至0—100摄氏度之间，这一阈值意味着液态水有了存在的可能。潜在行星们"浸泡"在与我们今天已知生命相适应的、温度一致的宇宙中，进行着一场让人身心愉悦的宇宙"水浴"。这样舒适的"水浴"在现在却无法实现，因为现在的星际空间十分寒冷，温度只有零下270摄氏度左右。在这场特殊的"水浴"中，热量被均匀地传导到分散在宇宙中的潜在行星上。这与现在也不尽相同，现在，行星获得光和热的途径是恒星，恒星将自身产生的光和热辐射至围绕它旋转的行星上。不可忽略的一个问题是，如我们所观察到的，第一批恒星形成的时间要晚得多，约在创世大爆炸后的1亿年。如果没有恒星，则没有行星，也没有生命所必需的重元素，后者是在恒星内部发生的核反应中合成的。

　　然而，如果出现某些特定的天体物理条件，我们可以假设，一些寿命较短的、特殊的巨型恒星可能在创世大爆炸几百万年后就形成了。在它们陨灭前，及时地生产了大量的岩石行星。在当时的宇宙微波背景辐射下，行星上温度舒适，且还可能存在液态水，因此，无论它们与母星的距离如何，都是适合居住的：离母星十分遥远的外行星，如以太阳为母星的木星和土星，反过来也会像那些更接近太阳的行星一样，适合生命的存在。原始生命诞生的火花已经出现，而在宇宙膨胀将会导致的无法避免的降温之前，仍然有几百万年的时间来构建进化的草图。当然，以地球的经验来看，从最初的复制者到智慧生命的出现需要数十亿年而非几百万年，但这几百万年仍然足以产生相当复杂的生物体了。从宇宙的维度来看，这只是一瞬，而在约100亿年后可能发生的生命大爆炸之前，这一瞬足以在年轻的宇宙中创造出一丝原始生物……于是，人类便有了对先进文明的想象，而科幻领域的大门也就此打开。也许，机缘巧合之下，在无数浸泡于当时还"热乎乎"的宇宙空间里的那些行星上，最终会发展出一些有思想的物种，这样的幻想固然令人着迷，但人们也遗憾地意识到，他们的文明也只会持续几百万年，而后将消逝在寒冷而深沉的黑暗中。

让我们回到在Trappist-1e轨道上绕行的"卡拉维尔号"。很显然，AI并没有检测到任何来自其表面或Trappist星系中其他行星的人造电磁信号——这是存在外星智能的明确指征；否则，在进入其轨道前，机组的警报就会响起，以便让宇航员们有时间来制定接近的策略。当然，前提是收到的信号类型和他们应有的谨慎程度允许他们这么做。

"卡拉维尔号"释放了一些自动探测器，让它们穿过Trappist-1e的大气层并着陆去寻找初级生物的活动迹象。虽然还没有收到仪器发回的客观的量化反馈，但此时呈现在宇航员们眼前的景象已经足够令人惊讶。如预期的那样，Trappist-1A这颗行星看起来与地球非常相似，无论是大小、质量、重力还是光照强度。它的光照来自"红太阳"，即散发着朦胧红光的Trappist-1。Trappist-1A的大部分发射光谱位于波长大于红外线的波长上，因此地球人是看不见的。由于与恒星距离相当近，Trappist-1A和Trappist-1e这两个天体形成了潮汐锁定系统，就像地球和月亮那样。因此，Trappist-1e总是以相同的一面朝向Trappist-1A，暴露的面总是被照亮，而且受到穿过其稀薄大气层的大量紫外线的影响也更为明显。经过初步分析，这颗行星的成分与太阳系的岩石行星十分相似：没有氢气，但有二氧化碳、氮气以及不可忽略的氧气含量。而行星的另一面，则处于长年的黑暗中，太过寒冷，无法为我们所已知的生命提供条件。然而，在位于两个半球之间的边界区域出现生命是十分合理的，正如"卡拉维尔号"的宇航员们所观察到的那样，这一地带拥有辽阔的液态海洋，也有一部分呈冰冻状态。这颗行星的平均温度为零下20摄氏度，这也是完全可以接受的。与地球进一步类比，它的两个极地也被冰所覆盖，这也证实了Trappist-1e的宜居性。

"卡拉维尔号"停靠于Trappist星系这一选择无疑是明智的。我们放弃了前往更近的半人马座比邻星，它与地球距离仅4.3光年，只是看了一眼它的行星半人马座比邻星b，与Trappist-1e一样，它也位于恒星的宜居带并受潮汐力的牵制。之所以选择了Trappist星系作为停靠站是因为比起活跃的比邻星，它相对更平静。比邻星经常发生非常强烈的能量放射，如耀斑，这种活动能够使行星上的任何一种生命失去生育能力并迅速溶解行星的大气层。因此，它们可能对"卡拉维尔号"造成威胁，需要离它们远点。

总而言之，来到Trappist星系考察不仅获得了科学上的成功，甚至还有更多。人类对生命的认知也将取得巨大的进步，当然，这还得看地球的科学家们何时才能收到"卡拉维尔号"发回的结果……接下来的几天，"卡拉维尔号"的机组人员会将探测器发送到行星的表面及其轨道上，继续进行研究。这些研究或能合理地证实星球上有足够先进的生命存在，它们能够在自然选择的进化压力下充分利用星球的宜居条件。

可惜的是，40年后，地球才能收到"卡拉维尔号"发回去的好消息……

"卡拉维尔号"以疯狂的速度为下一次的时空飞跃做准备。时间是宝贵的，而此次任务是漫长而雄心勃勃的。离开了 Trappist 星系，飞船将在强大的核聚变和反碳材料的推动力下加速飞行。这一次，等待宇航员们的不是小睡，而是长期的休眠。进入长期休眠前需要做精心的准备，特别是心理准备。所有人都知道，虽然进行了风险评估，且风险多在可控范围内，但风险依然不小，而且大多是纯心理层面的。另一方面，当 AI 完成了对船员们的照顾任务以后，它将无事可做，可能会感到无聊；或许它可以通过不断获取新的生物学数据和天体物理学数据来进行"深度学习"，让自己变得更有知识、更聪明、更自然，以便迎接下一征程的挑战。对于下一次着陆的演算必须小心加小心……

11

银河之王

出发后的19年140天

万籁俱寂，天空中有多少星星啊！
瞧，你也能看到它们：
这万点繁星为何如此美丽？
因为它们是那么遥远，如你一般！

—— [意大利]爱德华多·德·菲利波

这一次，唤醒船员费了好一番功夫，毕竟13年7个月的冬眠期在之前从未尝试过，尽管这一切都在AI的预料之中。当然，宇航员们的容貌看起来像《道林·格雷》的主人公那样并未变老，但这一次他们对衰老的感知却尤为强烈，虽然对他们来说，从睡着到醒来不过只过去了一会儿，甚至都没有做梦。没有发生事故，没有人员损伤，也没有人生病。简而言之，没什么可向AI抱怨的。而他们的AI，简直无懈可击，一如既往的高效，而且更聪明、更有知识了。不仅如此，比起刚离开地球时，AI更珍惜它所学到的东西：它在照顾船员的同时汲取了生理学知识，在照料飞船内作物和牲畜的时候掌握了一定的生物学知识，在操作科学仪器的过程中了解到与天体物理学相关的知识。AI可以造出以前一代机器人为样本的新一代机器人。然而，谨慎起见，AI还是延长了船员们渐进苏醒的时间，这竟巧合地与飞船最后一次加速的时间相当：以光速行驶的"卡拉维尔号"穿梭于数以百万计的星星之间，灵巧地躲避着繁星，就像是一辆越野摩托在无边无际

146

的盐漠中轻松地避开矮矮的树丛。

这条布满星星的漫漫时空之路如同迎来了一场烟火盛会，对于睡着的旅行者们来说不过漆黑一片，但这一美景被"卡拉维尔号"的望远镜和无数个粒子探测器尽收眼底。

这13年7个月的时间相当于在地球和太阳系的其他地方已经过去了26 000年，这并非因为"卡拉维尔号"速度太快，而是因为相对于我们小小的太阳系来说，银河系几乎是静止的。但在如此漫长的时间里，船员和宇宙飞船都极大程度地受到了相对论效应的影响，数以万计的超新星爆燃充斥于银河系里，与那些本就让人眼花缭乱的天体运行轨迹组成一幅宏大的画面。这是古老的恒星们爆炸时的延时幻影，巨大而无声。恒星在周期结束时发生的爆炸让数量惊人的中微子和其他高能粒子填满了空旷的银河系。与此同时，伽马射线探测器也识别到了与之相关的系外伽马射线暴。

对于像"卡拉维尔号"这样以相对论速度运动的实体来说，观察发光的物体是一件非常复杂的事情。在我们奔着目标加速前行的时候，不妨先来思考一下当光源靠近"卡拉维尔号"船头方向的这种情况。由于运动的相对性，恒星们也以接近光速的速度与"卡拉维尔号"相遇。如我们所知，无论运动光源的状态如何，恒星们所发出的电磁辐射的速度总是等于c的。由于多普勒效应，恒星发出的光频发生了很大的变化。光频率越来越高，并随着相对速度的增加逐渐变为蓝色可见光、紫外线、X射线直到伽马射线。同理，当光源离开"卡拉维尔号"的时候，辐射频率降低，在这种情况下，随着速度的增加，光首先变成红外线，然后变成无线电波，直至变为频率更低的电磁波。在由相对论速度产生的多普勒效应的影响下，"卡拉维尔号"两侧的光也能检测到频率的变化，尽管程度较小。AI必须考虑到这一点，做出校正以及在地图上标出观察到的事件，并正确关联到事件产生的源头。

宇航员们苏醒过来，虽然有些痛苦和迷茫，但这独特的景观给予了他们深深的慰藉。终于，人类可以看到银河系的中心并感受到它强大的原动力了，因为在大量恒星、气体、星际尘埃的遮蔽下，人类在地球上是看不到它的。很难想象，还有什么场景能比这更壮观、更令人目瞪口呆了。我们距离人马座 A* 只一箭之遥了，它就在"卡拉维尔号"前方约9光时，保守估计100亿千米。银河系的中心，距离我们亲爱的地球26 000光年，而这颗心爱的星球又老去了26 000年。在地球的夜空，银河如同一条闪亮的丝带，而从这里望去，银河像一个圈，如同一条梦幻的、闪闪发亮的珍珠项链环绕着"卡拉维尔号"周围的天空。

从这个距离看，人马座 A* 像是黑色画布上的一个小黑洞，而它发出的奇妙的电磁辐射信号则能让我们看清它的位置，并感受到它所蕴含的能量。银河系超大质量黑洞之父的质量可达太阳质量的400万倍，俨然是一个宇宙怪物。在它周围是银河系的恒星王国，数千亿颗恒星仿佛正乘坐着一个运转了数十亿年的奇妙的旋转木马。这个无形的怪物是超强电磁能源发射的源头，"卡拉维尔号"也正位于它的轨道上，

AI则指示着"卡拉维尔号"避开那些喷射流的轴线飞行。飞船仪器疯狂地收集着宝贵的数据，而AI也毫不停歇地处理着这些信息。好奇与快乐交织在一起，书写着天体物理学与人工智能的新篇章。

超大质量黑洞的第一组照片是由"事件视界望远镜"（EHT）观测黑洞计划于2019年通过8台分布于美国夏威夷以及智利等不同地球站点的超级望远镜组所拍摄的，不过是否可以称之为"照片"尚需斟酌，因为它们是使用无线电波而非可见光进行拍摄的。所有望远镜同时瞄准目标，使地球表面有效地形成了一个单一的、巨大的无线电望远镜。这一超大质量黑洞就是位于M87星系中心的巨大黑洞，它的质量达太阳质量的650万倍，距离我们约5 500万光年。相比之下，拍摄人马座 A^* 显然要容易许多，因为它比M87距离地球近了2 000倍。银河系核心区域包含了大量的气体和尘埃，因此当我们垂直观察它的时候，视线会被恒星和气体挡住，以致我们很难看到它的中心和占据其中的人马座。但不管怎样，"卡拉维尔号"的船员们所看到的情景是任何照片都难以比拟的。现在，我们离这个宇宙怪物不过三两步距离了，这与从远处进行观察可完全不一样了，因为此时飞船上的科学家们可以进行数据收集，并与他们已知的理论进行分析和比较。

黑洞总是被翻来覆去地讲，特别是在科幻领域。它们这引人注目的名字是由物理学家约翰·惠勒于1968年提出。黑洞是质量特别大的恒星生命终结时的状态，当恒星内部的碳氢燃料和气态氢消耗殆尽以后，由于重力失衡，恒星会逐渐走向生命的尽头。在这一过程中，恒星物质自行坍塌，恒星的密度急剧增加而体积则急剧减小。如我们所知，通常这一过程会导致中子星的产生，但如果这颗恒星的质量足够大，引力则会占上风，从而使坍缩克服核聚变与量子力学的斥力。后者往往会阻止构成原子核的粒子被过度压缩。最终，这个神奇的宇宙天体的密度变得极大，它所产生的引力之强，连光都无法逃脱，它也因此变成了黑色，隐身于同样漆黑的宇宙背景之中。回想一下爱因斯坦对引力的阐述，他认为，即使是没有质量的光子也会受到引力的影响，因为引力是由一个足够大的天体周围的极其强烈的时空弯曲产生的。正因如此，我们拍摄到的黑洞图像可以说是反的，它黑色区域的边界由它身后恒星的光或它附近带电物质和发光物质来界定。正是因为光的曲率效应，黑洞的外观才那么奇异：围绕着它的光似乎来自四面八方，以一种非常难以理解的方式呈现出来，类似于我们在游乐园看到的哈哈镜照出来的自己的身影。

恒星黑洞的质量和大小按类型分有很多种。有的黑洞质量约为太阳质量的5—10倍，直径不过几十千米，而有的黑洞质量为太阳质量的几十亿倍，直径达几十亿千米。它们庞大到无法想象，甚至连我们的太阳系都无法与之匹敌！但不论如何，黑洞在星系（包括我们的星系）中是相当常见的物体，在银河系中，约存在1亿个黑洞和2 000亿—4 000亿颗恒星。它们之中最大的黑洞是人马座A*，就位于银河系的中心。

除了以恒星为起源的黑洞外，也许还存在着微型黑洞。

即使以人类世界的尺度来衡量，它们也很小，质量只有几克或几千克。据推测，微型黑洞可能是在宇宙大爆炸后的几分钟里，通过宇宙原物质的聚集而形成的。因此，它们并非来自生命接近终点的恒星的坍缩，因为在当时，恒星还尚未形成。而这些微型黑洞在人马座等巨型黑洞的形成过程中也发挥了作用，或成为这些"怪兽"的食物，或如前所述，作为构成宇宙暗物质的候选人。此外，还有一种可能的假设，即这些微型黑洞也是带来奇妙的伽马射线暴的原因之一。微型黑洞的发现将极大地丰富我们对宇宙的认知，并带来不可预测却绝对有趣的发展。

黑洞所蕴含的物理学远不止于此，它比我们想象的还要复杂得多。爱因斯坦的广义相对论中对这些特殊的引力产物的形成和表现做出了描述。德国物理学家、天文学家卡尔·史瓦西（Karl Schwarzschild）首次对爱因斯坦场方程式做出了一些解，它们表明：恒星坍缩达到一个临界半径，小于这个临界半径（被称为史瓦西半径）时，这颗恒星坍缩形成了黑洞，此时，物质从它表面逃逸的速度超过光速。例如，导弹脱离地球引力所需要的速度为11.2千米／秒或4 000千米／小时，而离开太阳表面所需要的速度为617.3千米／秒。所以，就连光也无法逃离黑洞的引力，因为它没有向我们的眼睛或光探测器发送出任何识别信号。我们只能检测到它的引力效应，即便距离很远。

补充一句，史瓦西半径定义了黑洞所谓的"事件视界"，也决定了它的球面尺寸。坍缩的物质依然在黑洞表面疯狂地运动，黑洞也持续剧烈地收缩，直到变成一个比原子还小的物体。因此，它的密度几乎是无限的，成了奇点黑洞，或者可以说这是一个时空曲率也无穷大的地方。在这个神话般的"点"中，物理定律受到来自各个方向的共同攻击。在奇点中，爱因斯坦提出的引力理论与量子力学发生了无情的冲突。现在，还没有一个模型可以将这两种理论结合成一个统一公式并解释奇点中发生的事情；在那里，时间走到了尽头：正如宇宙大爆炸开启了宇宙的起点时间，在每个黑洞的奇点中，宇宙的生命也到达了最后一刻。时代终结。

由史瓦西半径定义的黑洞的大小随着其质量的增加而成比例地增加。一个由质量与太阳质量差不多的恒星坍缩产生的黑洞，它的史瓦西半径约为30千米，类似于一个大一些的小行星或彗星的半径，这个大小在宇宙的尺度上几乎可以忽略不计。从"卡拉维尔号"上观测，超大质量黑洞人马座 A* 可太大了，半径约为 1 300 万千米，相当于太阳半径的 20 倍。任何有质量的物体都可以计算出它的史瓦西半径，例如，地球的史瓦西半径约为半厘米。这就意味着，如果我们能够将地球压缩到这么大，就能创造出一个微型黑洞。

然而，宇宙中这些神秘天体的匪夷所思之处还不止于此。在科幻小说中，黑洞被过度简化，它被描述成吞噬一切的宇宙怪物，恒星、行星或是宇宙飞船会在它未知而致命的黑暗中被无情地吞噬和肢解，就像被真空吸尘器吸走的昆虫那样。现实中，对黑洞的论述则更错综复杂，如同对某个自然事件进行科学解释那样。对于距离它足够远的宇宙天体，黑洞会像任何其他的天体一样，对这个天体施加由其质量产生的引力，当然，这种情况下，引力也是非常大的。而对于处在其影响范围内的宇宙天体，黑洞对其施加的引力要大于星系中所有其他天体对其施加的引力，使其进入它的牛顿椭圆轨道并绕着它旋转，就像地球绕着太阳转那样。常见的黑洞半径约几十千米，它们反常的引力效应或者说相对论效应只能在1 000千米左右的地方才能被察觉。一旦超过这个距离，黑洞表现得就像是一颗等质量的恒星一样。

如果恒星、行星或是宇航员距离黑洞太近或是速度过慢的时候，那就会发生如同陨石进入地球大气层或电信卫星偏离轨道后坠落地球那样的灾难。在这种情况下，物体将朝向黑洞的事件视界进行自由落体运动。当恒星与黑洞距离过近时，由引力的快速变化而产生的巨大潮汐力会将恒星物质一点点撕碎。恒星碎片失去能量，开始围绕黑洞旋转并产生所谓的"吸积盘"。这个恒星的气体圈变得越来越热并开始释放大量的X射线，它慢慢地朝黑洞的史瓦西半径坠去。而在那里，炽热物质的温度可达数百万度。除此以外，黑洞的强磁场会在垂直于"吸积盘"的方向喷射极高速的电离物质射流，如高能电子和高能质子。而这些则是除了引力指征以外，黑洞存在的另一些指征。

回到科幻小说的领域，读者可能很想知道，假如一个鲁莽的宇航员决定一头扎进黑洞并穿越事件视界，后面将会发生什么？那么，让我们与这个宇宙怪物保持安全距离，舒适地坐在"卡拉维尔号"的舷窗前，假设我们在通过强大的望远镜来观察这位朋友的结局。由于黑洞的质量非常大，它附近的时空曲率也同样非常大，所以，当宇航员接近黑洞的史瓦西半径时，广义相对论效应会变得十分明显。一旦到达事件视界，时间流逝会逐渐减慢，直至完全停止。要知道，甚至连光都无法从那里逃脱。那位倒霉的宇航员所发出的光子的波长越来越长，这意味着他的能量越来越少了。最终，他被冻住了，看起来像静止的图像一样，接着他开始溶解，最后完全消失。于是，我们会有这样的感觉：宇航员从未穿过事件视界。

但是，这位宇航员的感觉则完全不同。当他靠近一个半径为几十千米至几百千米的中等大小的黑洞时，即使距离黑洞的史瓦西半径还有一定的距离，他都会受到巨大的潮汐力的影响；他会感受到作用于双脚的引力比作用于头部的引力强烈得多，他的身体被拉长了。与此同时，强大的侧压力横向挤压着他的身体。这是多么恐怖！但当他穿过了事件视界，就可以对抗这种"意面制作"的过程了；他会疯狂地向奇点坠落，几毫秒内到达。在致命的冲突来临前，眼前是一片黑暗。以上，是我们对一位宇航员落入黑洞会发生什么的科学的假设。而其他那些，比如科幻小说里或是什么别具想象力的理论所描述的，存在某种隧道，能够把人投射到星系的其他地方甚至其他维度等，则完全有待验证……

爱因斯坦广义相对论很好地解释了黑洞附近发生的时间膨胀效应，例如，当宇航员在非常接近黑洞轨道的地方停留一小会儿的工夫，对于外部观察者来说，则过去了非常漫长的时间。但"卡拉维尔号"的宇航员们也经历了类似的情况，只不过，解释这一现象的却是狭义相对论，因为"卡拉维尔号"所停靠的地方距离黑洞十分遥远，它并不会受到明显的影响。根据狭义相对论，在超相对论速度的航行中，比起地球基站的人们，宇航员们会觉得时间只过去了一小会儿。"卡拉维尔号"相对于地球上观察者而言以极高速运动，因此，船员们并没有觉得时间过去多久。与时间膨胀相关的另一种解释是黑洞可能存在的绕轴旋转。实际上，几乎所有的黑洞都在旋转，这是产生它们的恒星初始旋转运动所留下的印记。它们旋转的速度非常之快，甚至可以媲美光速。在这种情况下，天体的质量会逐渐拖拽它周围的空间，从而放大了相对论效应的强度。我们对黑洞属性的描述和认知极少，而黑洞的旋转运动算是其一，除此以外，还有黑洞的总电荷和质量。正如"黑洞无毛"定理所描述的那样，除了这三个物理量，再没有其他参数能够描述黑洞并将一个黑洞与另一个黑洞区分开来了。随着时间的推移，那些关于它们诞生的信息和它们吞噬的"膳食"都不可避免地消失在事件视界之外了。

　　黑洞通过一种反应过程（反馈）对它们所在星系的形成和演化做出了重大的贡献。我们认为，在每个星系的中心，都有一个巨大的超大质量黑洞，它的质量相当于普通恒星的数百万倍，如银河系中心的人马座 A*。这些宇宙怪兽的作用与大草原上的狮子差不多，而星系中的众多恒星则相当于瞪羚羊。狮子会捕食那些不经意从它身边经过的老弱瞪羚。这有助于保持丛林生态系统的平衡，防止食草动物不受控制地繁殖。食草动物会把大草原上的植被统统吃掉，进而危害整个生态系统。同样的，大黑洞和其他小黑洞一起吞噬它们附近的恒星，还有那些已经死去的恒星残存的物质，这有助于恒星种群的自我调节，也有利于星系相对的稳定性。实际上，一顿饕餮大餐后，黑洞也会将大量的能量和物质排放到很远的地方，滋养着星系空间，从而激活新的、年轻的恒星的诞生。反过来，这些恒星将继续进入出生、成长和死亡的轮回之中。

面对人马座，"卡拉维尔号"的船员们开始浮想联翩，那些关于黑洞的事情在他们脑海中一一浮现。与其他星系中的许多超大质量黑洞不同，人马座相对安静。很可能在过去的几百万年里，它已经侵袭过附近的恒星群了。可以从电磁波谱较高的频段中看见它的吸积盘，以及垂直于它的两股高速喷流，它们不断地喷出电离物质，长度达数千光年。只不过，这与具有AGN（即活动星系核）的星系中所发生的情况比起来不算什么。在这种星系中心，一般都有一个超大质量黑洞，而能量流的维度和能量庞大到了无法比拟的境地，长度甚至可达数亿光年，比整个星系的能量还要大得多！活动星系核的能量是如此的强烈，以至于它所在星系中所有其他恒星发出的总能量都可以忽略不计。类星体是活动性极强的活动星系核，最强的类星体产生的能量相当于星系中央的黑洞的"一顿饭"，即每年一千多颗恒星。当宴会结束，附近也没有恒星了，类星体平静了下来，这时，它的宿主星系又回到了可见状态。说到底，人马座的电离物质流、活动星系核以及我们之前探讨过的伽马射线暴都是宇宙灾难巨大威力的表现形式，而爱因斯坦的相对论告诉我们，物质是可以转化为能量的。

诸如此类的现象让我们喘不上气来，它们提醒着我们，地球上的实体们是多么的渺小，我们美丽的星球、我们的太阳系甚至银河系又是多么的微不足道。让我们陷入沉思的是，与宇宙深处的巨大能量相比，不仅时间、空间的尺度可以完全忽略不计，连维系星系运转的能量，例如太阳的能量，都是不值一提的。不过，从另一方面来说，我们也要懂得知足，我们能拥有这样的大脑是幸运的，它让我们明白宇宙的运转机制，也让我们意识到宇宙的苍凉之美与浩瀚无穷。

回到银河之王的话题上来。尽管人马座的影响范围半径非常大，约有10光年，但也只有几百颗恒星围绕着它的轨道运行。具有破坏性的潮汐效应仅会在不到10亿千米的距离内有着明显的影响力，远远小于"卡拉维尔号"所在轨道的半径——100亿千米。距离人马座 A* 最近的恒星 SO-2，它的轨道偏心率很大，而且每16年偏离200亿千米。它与银河系中的其他天体一样，以约为光速3%的极高速度运行，这一速度可以保证它不会成为黑洞的盘中餐。但随着时间的推移，当它与黑洞最小距离减少至100亿—200亿千米时，它最终将成为黑洞的食物。不过，在相当长的一段时间里，人马座 A* 不得不以星际气体果腹。星系的中心通常含有大量的气态氢云，在数十亿年的时间里，它们孕育了许多恒星，其中也包括大质量恒星。而最终，这些恒星将通过转变成黑洞而结束自己的生命。因此，在人马座的附近，散落着大量的常规型黑洞。

在漫长的岁月中，它们被人马座所吞噬，为人马座的发展壮大贡献了自己的力量。

即使是丛林中的狮子王也有它的敌人，如被称为智人的猎人。同时，不论如何，它还是会受到疾病及无情的生物循环的影响。黑洞没有这样的敌人吗？可以肯定的是，黑洞可以被合并，小黑洞可以被大黑洞吞噬。当这类情况发生的时候，星系的时空会被其搅动，会受到干扰和刺激。一个信号波从碰撞点开始传播，以引力波的形式传输着碰撞中消散的一小部分能量，这些能量可以完全不受干扰地传播数十亿光年。这是一种同时空纬度的振荡，而非海浪那样的机械式振荡。引力波由广义相对论预言并于2015年首次在地球上被观察到，这距离阿尔伯特·爱因斯坦的理论假设刚好100年。

在美国国家科学基金会的激光干涉引力波天文台（LIGO）和意大利"处女座"引力波探测器（VIRGO）成功实施的实验中，所采用的是具有千米长臂的巨型激光干涉仪。还记得我们之前提到过的迈克尔孙和莫雷在实验中所使用的干涉仪吗？这个巨型激光干涉仪可以说是它的超大号版。激光干涉仪可以让不同光束的光相遇会合，就像水面上的波浪，依据前波间的相位差，有的撞击在一起分裂开来，有的融合在一起扩散开去，如此，在检测屏幕上便可以形成不同的干涉图样。即使引力波来自数十亿光年之外，它的到来也会让地球及干涉仪所在的空间发生波动，导致空间的收缩和膨胀。因此，光束所经路径在长度上会略有不同，这就导致光干涉图样也会有轻微的变化。采用这种方法，能够捕捉到原子千分之一大小的空间震荡，而干涉仪的臂长通常要达到3—4千米。

引力波首次被观测到要归功于美国国家科学基金会的激光干涉引力波天文台（LIGO）。该引力波是由两个黑洞的碰撞产生的，每个黑洞的质量约为30个太阳的质量，碰撞约发生在10亿年前，在一场死亡舞会后，它们结合到了一起。最终融合的阶段只持续了几毫秒，然而消散的能量却是巨大的，相当于宇宙中所有可见恒星发出的能量。这次事件也说明，经过10亿光年的旅行，引力波的能量依然足以激发美国的干涉仪。在这次事件以后的几年，截至2019年8月，LIGO和意大利"处女座"引力波探测器（VIRGO）共观测到30多个引力波信号，其中大部分引力波由两个黑洞的合并引发，两次由两颗中子星的碰撞引发，一次由黑洞与中子星灾难性的相遇引发。

这些合并与碰撞代表着黑洞以一种惨烈的方式奔赴死亡。当然，每个黑洞也迟早会消亡，这是自然的、不可避免的。霍金辐射理论解释了其消亡的原因，霍金辐射是由英国物理学家霍金于1970年左右提出的，天体物理学家们也普遍认为这是一个非常合理的理论。根据斯蒂芬·威廉·霍金的说法，每个黑洞都不是完全黑暗的，它们也会发出微弱的辐射，长远来看，它们会消耗自己的整个能量储备，从而耗散质量。这种情况的产生机制相当的复杂，涉及量子世界和基本粒子的定律。在量子力学的基础上，海森堡的不确定性原理认为能量和质量可以从无到有，可以从量子真空中产生，随后消失，但能量持续时间极短，且时间越短，产生的能量越大。但这显然违背了能量只能从一种形式转化为另一种形式的原则，例如从电能到热能，或是根据质能方程 $E=mc^2$，从物体质量转算出能量。在这极短的时间内，所产生的能量必须被重新吸收，回到真空，就如同一条鱼跃出海面又立即回到海里，时间短到任何人都没有注意到它或无法捕捉到它。这些量子鱼通常是光子、电磁波量子和光本身。其他鱼可以由成对的电子和正电子组成；正电子是电子的反物质伙伴。前面我们提到过，在大爆炸中，宇宙的诞生是因为量子大波动。在这种情况下，这个量子不能只是一条鱼了，至少得是一头鲸鱼，而且它也没有再返回大海去。

从真空中跃出的粒子，它们存在的短暂时间内都被认为是"虚拟的"，这似乎阐释了它们昙花一现的本质。这种自发的、无缘无故的电子对的诞生，持续发生在时空中的任何一点，甚至在假设黑洞的史瓦西半径附近。但是，如果一对虚拟电子对（电子和正电子）之中的某一个粒子因为距离史瓦西半径太近而落入黑洞，那么与之配对的粒子则能够摆脱束缚，变得自由、真实而且远离黑洞。可是，谁来承担这个责任呢？谁来为逃逸的粒子提供它在真实宇宙中存在所需要的质量和能量呢？显然是黑洞！因为这样的事情总是在发生，所以宇宙怪兽也在逐渐失去它的质量和能量。委婉地来说，这个能量蒸发的过程是非常缓慢的：一个中等大小的黑洞完全溶解加上最后完美的爆炸，大约需要 10^{63} 年，即 1 亿亿亿亿亿亿亿亿年。它们的生命很长，但依然不是永恒的。对于超大质量黑洞，我们所说的寿命甚至可达 10^{100} 年！可以合理地假设，当这一切发生的时候，我们的宇宙也只剩下最后的几口气了，不久之后，它将因为所谓的宇宙"大寒冷"而死去：那时候，宇宙将变成一个只有无限微小能量的巨大时空，它巨大、黑暗、寒冷、空无一切。

"卡拉维尔号"的仪器分析展示了一个十分有趣的场景。这是"卡拉维尔号"第一次近距离观察一个巨大的黑洞。它给人的印象是人马座周围的一片巨大的空无，仿佛所有星星都对它敬而远之。它在拥有数千亿恒星的银河系中心一动不动，星星们与它相距数万光年，明智地绕着它旋转。尽管在黑洞附近几千亿千米的地方，有几颗轨道十分偏心的恒星，但它们的近"日"点，即最接近黑洞的点，距离黑洞表面也仍然十分遥远。人马座正处于相对平静的时期，它还没到开餐的时候。AI也是因此才决定靠近它看一看。

虽然"卡拉维尔号"的周围基本上什么都没有，但依然可以感受到有一个巨大的气态云正在逼近。仪器估测，气态云距离飞船约500亿千米，长度约为几千亿千米。虽然气态云的密度明显不大，而且也还看不到，但气体的总质量却约相当于十几个地球。在几个地球年后，气态云将落在人马座上，并产生了强烈的能量辐射，这对于"卡拉维尔号"这样近距离的观测者来说是不安全的。宇航员们预计，地球大概得在26 000年后才能知晓这一事件，当然，前提是如果有人收到这个信息。

宇航员的脑海中当然也会有其他的想法，现在家里的生活是怎样的？人类取得了怎样的科技发展？现在的社会制度和政治体制是什么样的？地球基地是否决定开启另一个新的任务，也许是与"卡拉维尔号"会合？谁知道是不是已经有了惊人的新技术，能够通过钻进某个虫洞来实现光年距离的旅行？又或者人类会因为宇宙大灾难或仅因为全球变暖、资源匮乏的破坏性影响而退化甚至灭绝吗？在这巨大的"时差"面前，也许这些问题都毫无意义。尽管可以通过冷概率值来对各种可能的选项进行排序，以此假设和模拟上述问题，但以地球的时间来算，当答案抵达的时候已经是很久很久以后了。不过对宇航员们来说，其实并没过多久。

"卡拉维尔号"留在那里，我们将在人马座最外侧的轨道上停留几个月。这个时间足以让飞船上的科学家们创作出这本书：《你想知道却不敢问的关于黑洞的一切》。也可以让这些勇敢的太空旅行者们舒展一下筋骨，尽管仍处于零重力的状态下。而 AI 则可以决定何时进行下一个时空飞跃，毫无疑问，这又将是船员们、"卡拉维尔号"以及现在还是半人工状态的 AI 将经历的一次更大的挑战。当然，AI 会及时清除所有的未定因素，对路线和着陆点的选择也必然是经过深思熟虑的。

12

在无尽的虚无中，
这是一个没人想去往的地方
出发后的33年227天

……虽然我穿越了数万英里

但我此刻非常平静

我想我的太空船应该知道奔向何方

告诉我妻子，我爱她之深切，如她所知……

—— [英]大卫·鲍伊

经过 AI 分析,在"卡拉维尔号"面前所呈现的连续不断的自然烟花中,除了超新星爆炸和强烈的伽马射线暴以外,至少还有十几种能被飞船仪器所识别的起源于银河系的人造电磁辐射。但要发出这些电磁辐射,文明须进化到足以认识和使用数据传输的程度。实际上,在银河系驰骋的这许多年里,"卡拉维尔号"也偶然地路过了一些拥有宜居行星且显然有居住者的恒星系。AI 对它们的起源进行了仔细分类并确定参考星。通过主动观察和合理统计推算,我们可以预测出银河系中拥有数量惊人的生命形式,它们或多或少皆是进化的生物。另一方面,据初步估计,银河系中大约有100亿颗类地行星,从这个角度上来说,存在进化的生命形式也没有什么不可能的。这令人震惊的结论不仅让"卡拉维尔号"出征的使命显得更有意义,也证实了从无生命物质向生物物质转变的可能性在宇宙中是多么的合理。不过,仍然存在一个问题,那就是各种生命形式分散于成百上千亿颗恒星,过于遥远的距离使得它们几乎不可能进行稳定的接触,也不可能处于相似且同时期的文明水平。但不管怎么说，这都是人类最伟大的科学发现，AI为此也感到非常自豪。

在前往太空探险的倒数第二站时，"卡拉维尔号"进行了一次加速。旅程过半后，它便开始以2g的加速度进行减速。做出加速的决定是基于太空飞跃的距离、推进系统的良好状态以及宇航员们可以进行长期冬眠等这些令人满意的条件，最重要的是，AI当然也希望能最大限度地缩短宇航员们飞行的时间。此外，它对目的地的选择也是经过深思熟虑的。受狭义相对论效应的影响，航程的时间几乎并不取决于航行的距离，你只要准备好足够的推进剂和高效的发动机就行了。"卡拉维尔号"以最高速达光速的99.999 999 999 95%的速度飞行，14年过去了，刚刚行至半程；比去往上一站所花的13年7个月的时间还要多一点。这一次的距离实在太远了，连AI都倒吸一口凉气：100万光年。如此看来，离开银河系中心所需要的1万光年只不过是个短途的旅行；100万光年的距离相当于银河系直径的10倍，也远远超出了麦哲伦星云的范围。"卡拉维尔号"远离恒星和黑洞，它的周围什么都没有，几乎处于银河系与仙女星系中间的位置。一方面，如果再以原速飞行，剩下的那一半距离也仅能节省7个月的时间而已，因此AI决定减速；另一方面，能够跑到两大星系之间的这种疯狂之举也值得再冬眠几个月。

与此同时，地球上已经过去了100万年：这个微不足道却让我们深爱的、覆盖着岩石和薄薄水层的金属块，它的命运已经难以预测，是否还有人居住在那里，我们也无从知晓。"卡拉维尔号"的宇航员们只能以相对超脱的心态来面对它。很久以后，它的未知性甚至不亚于其他任何一个宜居的系外行星。

熬过从冬眠中醒来后的痛苦阶段，宇航员们对这次太空飞跃期间所发生的事情进行了盘点。人类和AI观测到了一片没有星星的天空，这在人类历史上还是第一次。在我们舒适的银河系以外、巨大的仙女星系前面，几乎没有恒星绕轨运行，甚至连需要小心避开的黑洞都没有。称自己身处宇宙的虚无之中只不过是一种委婉的说法，宇航员们都心知肚明，因为实际的情况更令人不寒而栗。比起太空旅行多年来他们业已习惯的宇宙空间，此刻外部的空间更为空旷和黑暗。然而，在"卡拉维尔号"周围，有亿万个小小的、奇异的发光物体，其中有一些用肉眼也可以看见它们的内部结构。

许多像我们这样的星系都布满了恒星，其中有两颗非常漂亮也非常大，还有几十颗非常明亮，看起来像等级很高的恒星。它们的姐妹们——无数的星星，在更大尺度的背景中，复制着银河系内的天文奇观。

AI用夸张的语气向宇航员们宣布了它的重大发现，即银河系中存在着众多的智慧生命，而宇航员们花了好一会儿才消化了这一个大消息。现在，他们的注意力都转移到了仙女星系的身上。令人惊叹的是，它十分清晰，仿佛是哈勃望远镜中呈现的图像那般，但即使没有望远镜的帮助，也能看得十分清楚。它悬浮于虚空，仿佛漂浮在一片漆黑的海洋里。宇航员们距离它150万光年，但它看起来比从地球上看到的太阳还要大，只不过没有那么亮。正因如此，宇航员们才能放心大胆地观察它。通过肉眼即可分辨出由它的超大质量黑洞所产生的发光的中心。仙女星系的中心相当安静，如同我们银河系的中心那样。中央球形区域恒星聚集，盘状螺旋的分支上布满了数千亿颗恒星，它们围绕着星系中心无声地旋转着。

那么银河系又是怎样一番奇景呢？这是宇航员们第一次从银河系的外部去观察它，因此还有种别样的感觉。人类几千年来从银河系内部观察它的结构所产生的那些疑惑，此刻，只消一眼便渐渐烟消云散了。但难以想象的是，那颗小小的太阳和它的行星究竟在哪个位置。"卡拉维尔号"距离银河系"只有"100万光年，所以它看起来比仙女星系更大一些。这两姐妹的壮观着实让人惊叹，从情感上来说，宇航员们在冬眠中度过的漫长岁月和他们所做出的牺牲在此刻也是值得的。而且，除了让人叹为观止的景象，所得还有更多。"卡拉维尔号"的望远镜和探测器将收集必要的信息来了解银河系的结构和它的演化，以便进一步了解宇宙的构成、宇宙动力学的内在机制，以及暗能量的作用和性质。

仙女星系是银河系的姐姐，它的盘面是银河系盘面大小的整整两倍，拥有大约一万亿颗不同大小和年龄的恒星。它的螺旋盘结构与银河系的基本一致，但尺寸上要巨大得多。在地球上一个晴朗无月的夜晚，用肉眼即可看到仙女星系。

在AI的指导下，"卡拉维尔号"的仪器辛勤地勘探着，它们看到的是一个由气体和宇宙尘埃组成的巨大光晕，这在地球上是看不到的，光晕围绕着星系轴，延伸到了约100万光年远的地方。一团难以察觉的氢气云，夹杂着其他重金属元素，这些超新星爆炸后的残留浸没在一个看不见的暗物质光环中，它们严格地限定了最外侧恒星们的自转周期，而周期的长短则取决于是否有暗物质的参与。在没有暗物质参与的情况下，恒星的自转周期会更长一些。

说句题外话，超新星爆炸是测定遥远星系距离的一种非常有效的方法。在某些特定的条件下，超新星爆炸释放的能量是相同的，与星系中是否存在濒死恒星没有关系。因此，对其亮度的测量可以估算出它们与宿主星系的距离。

银河系和仙女星系这两姐妹有着许多不同之处，还有一些实质性的区别，例如盘面结构、恒星数量、恒星密度、恒星年龄、星系亮度、恒星的产生顺序以及被引力困住的暗物质的数量等。但这些差异只会持续40亿年；实际上，仙女星系持续以大约120千米／秒的速度向银河系靠近，它们之间250万光年的距离正在逐渐缩小；最后，这两个星系将聚合在一起形成一个椭圆形的超级星系。在过去，类似的事件也曾在这两个星系上发生过，就像大滴的水银聚合了它周围小滴的水银那样，仙女星系和银河系也曾吞并较小的星系并按相应的比例扩大。"卡拉维尔号"的仪器似乎也已经在仙女星系中心的复杂结构中找到了星系融合的痕迹。仙女星系的超大质量黑洞位于星系的中央，至少是人马座A*的10倍，此刻，它与人马座 A* 一样，十分安静。

星系家族约有50个姐妹，其中，构成所谓"本星系群"的星系占据了约1 000万光年的范围，包含35个星系。透过"卡拉维尔号"的舷窗，可以在星际黑暗中清晰地看到它们的身影，甚至比从望远镜的数码显示屏或通过X射线发射探测器看得更清楚。除了那些形状不规则的星系外，星系主要分为两种类型。第一种为旋涡星系，如银河系、仙女星系，它们除了具有球形的中心核外，还有明显的盘状的平面结构；第二种为椭圆星系，它们像立体的物体那样，且非常对称。第一种类的家族中包括了许多红色恒星，它们年龄很大，非常古老，而第二种类的家族则拥有年轻的蓝色恒星，因此活动更为剧烈。星系所拥有的恒星、星际气体、黑洞以及暗物质的数量各不相同，因此大小也有差别。此外，星系的年龄也是描述它的重要参数之一。仙女星系大约有100亿岁，而已经观察到的最古老的星系形成于宇宙大爆炸后的4亿年左右，也就是第一批恒星诞生的几亿年以后。准确地来说，星系会因组成部分的不同而表现出明显的年龄差异。

星系形成、发展和演化的机制是相当复杂的，由许多参数来共同决定，这些参数包括原星云的存在、最早形成的恒星的作用、超新星爆炸与黑洞形成的综合效应、巨大黑洞在星系核中的活动、可见物质与暗物质之间的关系、产生新恒星的能力、星系不同构成部分如螺旋星系的球形中心与外臂之间的动力学关系、与其他星系相遇和相互作用的历史等。一种复杂的现象学自然会带来极其丰富的星系动物学，甚至

169

比天文学还要丰富。总之，这也是证明宇宙极其复杂的另一个证据，宇宙由可怕的力量支配着，发生着众多的事件，而这些事件也间接地让我们思考：引发它第一声啼哭（即宇宙大爆炸）的那个不可估量的能量会是什么？对"卡拉维尔号"所收集数据的分析无疑会带来一场革命，一场对宇宙演化及其主要构成的理解上的革命，为什么不支持这个或那个关于宇宙遥远尽头的理论呢？本星系群的重心大约位于银河系与仙女星系之间，也就是"卡拉维尔号"所在的位置，以此为圆心，在半径只有300万光年的范围内，共有30个星系。这些星系分布在银河系和仙女星系两个大姐姐的周围，形成了两个卫星星系。抛开星系与恒星在大小方面的差异，在恒星自身及恒星之间会发生的现象似乎也在星系自身和星系之间重现：恒星的大小以光"秒"计算，相隔的距离以光年计算；而星系的长度以数万光年计算，它们之间相隔的距离则以百万光年计算。

那么，在这个充满了星系而非恒星的天空中，飞船仪器可以清楚地观察到本地星群只是一个更大的巨型群的一部分。这个巨型群被称为"室女座超级星系团"，它包含了包括本地星群在内的100个星系群和星系团，覆盖了直径约为1.1亿光年的区域。然而这令人难以置信的俄罗斯套娃游戏并没有结束，室女座超级星系团又是一个更大超级超级星系团的一部分，这个超级超级星系团有5亿光年宽广，拥有超过10万个星系，它们织起了一张宇宙网，将一个个时空连接在一起；在这一直径超过930亿光年的宇宙网中，至少有1 000亿个星系。宇宙网的一条条极长极长的丝线则框定了同样巨大的空白区域，这些区域里没有任何恒星物质。宇宙网在巨大尺度上放大了微小的量子波动，这些波动发生在充满基本粒子的宇宙诞生之初的时候。早期的微观宇宙与现在的宏观宇宙之间仍存在一种神奇的关联。"卡拉维尔号"的宇航员们感到很荣幸，能够在这虚无的空间中找到这样一个奇妙位置来感受宇宙的辽阔。

但是，一个138亿年前诞生的宇宙的直径为什么是930亿光年而非276亿光年（相当于光传播138亿年的路程的两倍）？原因是在宇宙膨胀和暗能量的作用下，空间在扩张，而且还在加速扩张。因此，星系之间的距离逐渐增加。假设我们观测到了50亿光年外的某个星系的光，那么，在这束光到达我们的这个过程中，这个星系已经退行到更远的地方了。

那么接下来，就有一个不同寻常的结论了。时空"拖家带口"地以越来越快的速度膨胀，空间膨胀的速度甚至会超过光速，但这并未违反爱因斯坦相对论的规则[i]。在这种情况下，处于这一飞速膨胀的空间中的星系们会以超相对论速度远离彼此[ii]。如果我们假设膨胀的加速是无期限的，或至少持续很长一段时间吧，最终，我们将再也看不到这些星系了。其中一些星系正在发射能够到达我们的最后的光脉冲，到某个时候，也许是几十亿年后，它们将填满与我们之间的巨大

---

i   空间膨胀不会引起相对论效应，因此不受相对论的限制。

ii   星系退行速度超光速也不违背相对论，因为星系退行是因空间膨胀所产生的一种相对运动，而非星系本身相对于空间以超光速在运动。

空间。

在暗能量的推动下，当星系的退行速度超过光速时，它们的恒星所发出的光信号将不可能到达我们，而这些星系也将永远从我们的地平线上消失，宇宙的两边也将永远无法被相互探测到。这一事实让我们相信，今天可观测的宇宙只不过是138亿年间从它诞生到发展的那个宇宙的很小的一部分。我们甚至可以说，如果我们银河系的寿命足够长，有一天，它的居民们会相信，是银河系构成了整个宇宙。然而，银河系在宇宙中是多么渺小的存在啊！因此，我们希望我们的曾孙们仍然能够看到哈勃望远镜拍摄的美丽照片，假如能看到"卡拉维尔号"望远镜拍摄的照片那就更好了，因为这些照片能确切地证明其他的数十亿个姐妹星系的存在。

另一方面，今天已知的物理学可以帮助我们假设宇宙未来的发展动向。例如，我们知道它的加速膨胀可能会带来"大寒冷"，这会让宇宙的能量逐渐稀释，当然，这需要极其漫长的时间。但这也说明，不会出现所谓的宇宙"大收缩"，即宇宙膨胀的逆过程，时空急剧收缩，直到它回到量子真空的子宫重新开始，并为新的开始做好准备。事实上，因引力而活动的物质数量似乎也不足以产生宇宙回弹。因此，正如我们刚才所说，宇宙未来发展史的某些阶段是已知的，或者说是可以估测的，尽管仍然存在相当大的不确定性。

大约 10^{14}—10^{15} 年后，宇宙中的氢燃料将消耗殆尽，几乎所有的恒星都将熄灭，并诞生一批超新星、中子星和黑洞。

伴随而来的是行星的死亡，这也意味着宇宙生命的终结。即使没有智慧生物的存在，宇宙也会无情地衰落下去。到10^{20}年后，黑暗的、没有生命的星系们将经历一次深刻的退化。恒星、中子星的残骸和其他的星系物质最终会落入到中央的超大质量黑洞中去，而其他的天体则会脱离星系结构，离它们而去。

在10^{35}年后，将发生一个非常重要的事件，尽管可能性非常大，但目前我们还没有可支持的证据。现在，我们认为物质是稳定的，从某种意义上来讲，原子可以作为不可破坏的实体存在无限长的时间。但是，如果大统一理论被证明是正确的，那情况可能就不是这样了。与之相关的理论模型最初是从20世纪70年代开始发展起来的，它们属于我们此前提到过的万物理论的一个子类：大统一理论推测，在极高的能量下，即在大爆炸后宇宙刚刚诞生那个时期的能量下，强力与电磁力和弱力是统合在一起的。根据大统一理论模型的预测，即使是质子这种被认为是完全稳定的粒子，也可以衰变成其他粒子。当然，这需要极长的时间，大约在10^{35}—10^{37}年之间。在这些粒子中，有一些依然是不稳定的，也就是说，宇宙中的原子会自发地、逐渐地开始分裂，而我们今天所知道的原子物质则将在几百万年里消失。

在此之后，最后的物质堡垒——黑洞，也会因为霍金辐射而死亡，而大约10^{100}年后，黑洞们将放下武器，从宇宙中消失。从那一刻起，宇宙中所剩之物将非常稀少，如能量极低的光子，它的能量还将随着时空的继续膨胀而越来越低，然后是电子、正电子、中微子以及暗物质的任何稳定粒子，其中极有可能是中轻微子，所有这些都将存在于一个无边无际的宇宙中，因此宇宙的密度会非常低。当电子遇到正电子自行湮灭时，剩下的只有光子、中性微子和中微子会幸存下来。这个暗淡的过程十分缓慢，长达10^{1000}年甚至更久，没有人能够看到。实际上，要跨越如此漫长的时间线是不可能的，哪怕是极端冒进的理论也做不到。在宇宙大寒冷后，崭新的、巨大的量子波动是否会重新点燃光，这是目前我们不知道如何面对的问题。但无论如何，我们可以肯定地说，宇宙大爆炸后过去的138亿年，以指数表示法即10^{10}年多一点，这个时间对我们来说几乎是无限的，然而这段时间对于宇宙未来漫长的生命也不过是一眨眼的工夫。因此，我们面对的是一个尚在襁褓中的宇宙，为了推断和了解它的发展，"卡拉维尔号"此次太空任务所取得的成果可能是决定性的。

包括AI在内的"卡拉维尔号"的机组人员们都尽量不去想这个天文数字，因为身处其中的感觉已经足够令人惊讶和振奋了。他们更专注于测量和实验，说服自己这次探索即将结束。宇航员们沿着想象中的道路前行并越走越远，疯狂的冒险之旅与自杀式任务是不一样的。有些事情会促使他们继续探索下去，但返航这样的道德义务以及技术和后勤保障的限制又会让他们踟蹰不前。然而，AI是义无反顾的。在接下来的两三个月里，他们将在仙女星系和银河系之间飘浮，这期间收集到的庞大信息加上前几个阶段已经获得的信息实在太重要了，它们不能仅由少数几个冒失的人类保有，所有的数据和发现都必须传递给地球上的人类，最自然的方式当然是亲自将它们连同自己奇妙的经历一起带回到人类面前。到那时候，在地球上迎接他们的将是什么样的人类呢？宇航员们可以尽情地展开想象。"卡拉维尔号"太空任务的所有目标，即使是最隐蔽的目标，都清楚地储存在它的硅储存器中，且没有可替换的储存器，所以，必须返航。

⓵⓷

准备回家

出发后的 33 年 294 天

经历过的恶好过未知的善。

—— [意大利]朱塞佩·托马西·迪·兰佩杜

"卡拉维尔号"的机组人员与AI的感受是不一样的。宇航员们度过了极其精彩的两个月，在这两个月中，他们研究了星系演化的物理学，现在也已经做好了最后一次太空飞跃的准备；过一会儿，他们将重新回到冬眠舱里去，这一次他们将冬眠14年。"卡拉维尔号"将跨越100万光年的距离，在此期间，宇航员们会失去意识……而AI则有幸在他们之前知晓等待他们回去的是什么。它会执行第一个自动程序并轻轻唤醒船员们，然后共同决定下一步做什么。谨慎起见，太空之旅的终点将按照计划设定在月球轨道之外不远处。然后，大家会花一点时间了解情况，如有情况，将会与地球进行联系。

　　回家的路是漫长的，即使对于宇航员们来说只不过是睡了一觉。地球上过去的200万年太长了，完全无法预知会遇见谁、会发生什么事。到目前为止，"卡拉维尔号"的旅客们已经在约30年时间里穿过银河系并到达了更远的地方，但他们清醒的、有意识的时间还不到一年，而他们的生理年龄也只老去了10岁。这群英勇而年迈的年轻人已经做好了准备，去迎接这次旅程中最令人不安的时刻，遇见黑洞或是看到仙女星系都未曾让他们如此不安——他们即将亲眼看到"未来的地球"。

　　在上一段航行中，宇航员们已经对他们星球未来的模样产生了疑虑和担忧。现在，这些疑虑和担忧被放大了，因为令人不安的时空距离，也因为他们知道，当他们返回地球时，那里逝去的时间比想象中更久更久。从某种角度来说，"卡拉维尔号"隐喻着地球是一艘更大的宇宙飞船，它在太空中遨游了数千年，可能比我们勇敢的船员们经历了更多令人难以置信的冒险。

　　返回地球后将遇见的事件主要分为两类，它们共同构成了未来地球的场景。一类事件是由自然现象、地球现象或更多的是天体物理现象所引发的，另一类则是由漫长时间内人类的进化（或退化）所引起的。在"卡拉维尔号"出发前200年，人类物种的进步是呈指数级的，但也未能阻止问题与危机的频发，如资源匮乏、全球变暖、贫富差距、社会和政治紧张、道德沦丧、金融危机、地区冲突等。然而，从某种程度上来说，第一类事件对第二类事件产生了本质上的影响。一个世纪又一个世纪，"卡拉维尔号"将在太空任务开始后200万年返回地球。而它在探险期间所获得的数据则可以提供带有定量概率值的预测，预测它返回地球时将会遇到的情况，新的实验数据将完善和丰富宇航员们在行前所进行的一系列模拟。

第一个需要考虑的是在200万年期间于地球附近可能发生的潜在的灾难性天体物理事件。为了模拟出各种可能发生的情况，我们首先需要注意到，在这段时间内，太阳系沿着其轨道向其星系内移动了约1 500光年。那么，第一个风险因素就是几千年来悬于地球头顶的两把达摩克斯之剑：心宿二和参宿四。在"卡拉维尔号"离开后约1万年和10万年，这两颗红巨星分别以超新星爆炸的发生结束了它们的生命。在它们方圆600光年和700光年的地方，所有的物体都被它们点亮，白昼持续了好几个月。大量的辐射将倾泻到地球的表层，对生命产生重大的影响。这种类型的爆炸属于统计学事件，因此是无法预警和防范的。而另一方面，即使假设超新星爆炸的频率为每个世纪两三次，那么在200万年内，将会发生约50 000次爆炸。其中一些爆炸的时间或空间非常接近，甚至能产生非常接近地球的伽马射线暴，而最坏的情况则是直接奔向地球所在的方向。

AI所使用的数据是飞船在以相对论速度前行期间所收集、分析和归类后整理出来的。这些数据显示，在测量误差允许范围内，许多的天体物理事件似乎是偶发的，这不免让人有些沮丧。然而，应当注意的是，如果要将"卡拉维尔号"的仪器所识别出来的宇宙事件的信息与预测地球上会发生的事件相关联起来的话，必须要考虑到光信号不同的传播时间，因为超新星与"卡拉维尔号"之间的距离和超新星与地球之间的距离是完全不一样的，也要考虑到相对论性多普勒效应，因为宇宙飞船是在以接近光速的速度进行飞行的。这是一个十分复杂的问题，但AI可以高效地解决。

　　不乐观地说，每隔20万—50万年，至少有一颗直径为1千米或更大的小行星会撞击地球，而且这种可能性很高。那么，说到它的影响有多大，只要想想类似事件对恐龙造成了什么影响就足够了。希望人类文明能够在这些天体接近地球之前就找到能够中和它们的方法，毕竟，所有这些宇宙风险，人们从一开始就知道。

　　还有一些可能发生的天体物理现象，尽管不会对地球造成直接的破坏性影响，但却会潜移默化地改变地球生态系统的微妙平衡。比如，太阳由于自身的不断演化，亮度会发生变化，从而影响地球的生态系统。或者，更糟糕的是，当太阳风暴达到一定强度，其释放的高能带电粒子流会将整个地球淹没。太阳风暴类似于太阳风，但前者释放的能量要大得多。从数百年、数千年的时间尺度上来看，这些天体事件的发生是很频繁的，地球的历史即可证明这一点。虽然，这些能够引发强烈电磁现象的事件并不是致命的，但它们对一切使用电力的东西如飞机、陆地交通工具、广播电视通信、工业、医院、计算机、自动取款机等是有巨大影响的，甚至可以摧毁它们。对于并没有（尚未）实施恰当应对措施的未来社会而言，这无疑是一场真正的灾难，然而这些也同样不可预测。

　　然后，是一连串几乎可以肯定将会在地球上发生的物理现象和地质变化。除了在短时间内极可能发生的人为事件，如全球变暖、极地冰川融化、水资源短缺、臭氧空洞、海洋污染、森林砍伐等，还有一些事件，虽然在一代人或多代人的时间里非常罕见，但若将它们放置到数十万年的时间区间里，则变得十分确切。第一个事件涉及冰川。

在数百万年的时间尺度上所观察到的地球是一个在快速演化的体系。与太阳距离的变化、地月引力的相互作用、地球自转轴的进动（即行星像陀螺一样绕同一轴自转）、地壳板块的活动、大陨石的影响、火山活动、大气中二氧化碳含量等这些因素，在数十亿年间，周期性地改变了地球的气候条件，特别是在冰河时代。冰河时代，被称为冰期，行星表面被冰覆盖的区域显著增加，并在很长一段时间内保持这种状态，甚至长达数十万年。除了冷暖交替的大冰期，有证据表明，在地球不远的过去，还有一个时间更长且相当稳定的周期。在"卡拉维尔号"出发前，上一个冰期已经结束了近1万年。在过去的100万年里，几代冰期相继出现，冷暖期每隔10万年交替一次。几乎可以肯定的是，无论人类活动在短期内对地球变暖的影响如何，下一个冰期都将在"卡拉维尔号"的太空探险任务开始后5万年开启。当然，冰河时代对地球生命的影响是相当大的，就人类而言，他们的发展很大程度上取决于文明的水平和长期应对重大气候变化所带来的后果如环境条件恶化的能力。

另一个在长时间轴中影响地球生命形态的事件是地质活动，如强烈的地震和大规模的火山爆发。在任务开始之初，地球上的十几个活火山的周期活动是正常的，但如果我们回看地球的历史，在几十万年里，火山爆发甚至灾难性爆发的事件大比例地发生着。"超级火山"的爆发对环境的影响可能真的是毁灭性的。例如，黄石公园，它是一座超级火山，60万年前它的最后一次喷发影响了整个地球的气候条件。在1万至10万年期间，超级火山爆发的可能性非常高，它会造成巨大的区域性破坏，全球气候也会因此改变，这结果通常会持续数百年甚至数千年，即使是拥有先进技术的文明也很难阻止这些现象的发生。从史前农业起源到19世纪工业革命，再到20世纪肉眼可见的气候变化，人类对地球系统的影响非常之大，以至于引发了一个新的地质时代——人类世。在"卡拉维尔号"出发的那个时代，人类的科技水平在几十年间实现了指数级的发展，已经可以规划太空探险这样雄心勃勃的项目。然而，人类的社会经济理念、政治文化观点以及人文伦理观念却并未能跟上这样的进步。潜在的危机一旦爆发，是否会导致人类在"卡拉维尔号"还未返回地球前（即短于200万年的时间）就已经出现了全面的倒退？这是一个需要考虑的问题。几百年，至多1 000年，足以引发一个不可逆的人为气候变化，或更确切地说是气候危机，引发初级资源短缺、新病毒或细菌引起的毁灭性流行病，以及无法逆转的社会经济紧张局势，甚至全球性核冲突。然而，因为无法保证人类科学、社会和伦理的水平以相同的速度进步和发展，本该携手并进的部门之间发生了脱节。

历史的教训告诉我们，人类发展史中黄金时代和黑暗时代的交替具有周期性，当然，这个周期与"卡拉维尔号"的任务周期相比要短得多。而真正的智人也仅仅诞生于"卡拉维尔号"出发前约100万年左右，因此，想要预测两倍于这个时间的人类社会将会发生什么实在是没有什么把握。另一方面，科技的进步在很大程度上取决于周围的社会政治条件，最终又会对后者产生一个回授的过程，因此，其影响实在难以预料。而这一切的后果是，当飞船返回地球时，人类届时的情况将与任何一次合理的预测完全不同。

此外，处理偶发天体威胁或地质问题的方式在很大程度上取决于人类所达到的文明程度。文明不仅仅体现在技术层面，还体现在社会层面。面对巨大的陨石等这样迫在眉睫的外部危险时，如何缓解几十亿人的恐慌？或如何一致应对一个冰期后部分地区冻结这样的情况？在这方面，需要强大的国际凝聚力，因为这将打破过去人类对于领土和政治的分配。具有讽刺意味的是，在200万年的时间里，随着大陆漂移，加上其他地质问题带来的影响，无疑会改变地球的自然地理甚至政治地理，许多人为设定的不可逾越的历史界限将被大自然悄悄抹去。多少战争捍卫的领土，多少斗争掠夺的土地，人们一度天真地认为它们的边界是永恒的，但最终，这些边界会被缓慢而无情的板块运动所打乱，会被冰面、沙漠和新的海洋所覆盖。山峦消失不见，湖泊凭空出现，以前不为人知的河流和苍翠的平原被大海所征服。一个全新的地貌亟待研究。但，谁来研究呢？

首要考虑的是生物物种进化的现象。必须重申的是，人类绝不是动物进化的终点，虽然它在地球甚至宇宙的生命场景中应当占据了一个突出的位置，但它也仅代表了生命物质所经历的数十亿年的漫长旅程中的一个短暂阶段。在探险任务开始前的100万年，人类与"卡拉维尔号"出发时并不一样，而100万—200万年后，人类又将会是另一个样子。许多宗教认为，他们的神按照自己的模样创造了人类，这显然有违常识和生物学：为什么恰恰是智人而非南方古猿或是在200万年后也不会成为"人类"的智慧生物呢？而散布在宇宙中的数十亿智慧生物，他们是否也有资格被认为与唯一的造物者长相相似呢？也许，我们应该更现实地说，恰恰是智慧生物创造了与自己相似的造物主……

另外，在"卡拉维尔号"出发前的几百年中，人类的进化并没有纯粹地按照自然选择进行，而是大大地加速了，这主要是因为文明程度的提升以及随之而来的生活条件的改善。同时，许多动植物也受到了人类活动的影响，它们在相对较短的时间内，因人为因素而非自然选择或灭绝或增殖。渡渡鸟灭绝，大象、老虎几乎消失，而大城市里，啮齿动物、鸟类和昆虫则出现了异常繁殖的现象。

200万年后，"卡拉维尔号"的船员们即将在地球上看到的生物场景在很大程度上取决于人类这个地球舞台上的主角的命运。如果它过早地灭绝，那么在飞船离开后的几千年里，动植物群将重新回到能够适应外部环境的正常的进化周期中去，无论它当时是什么样的，一切都像是生命诞生之初发生的那样。在这种情况下，加之我们此前提到的天体物理学灾难这个因素，极有可能出现截然不同的生物物种。200万年的时间足以让特定的物种快速进化，甚至朝向高智商的形态发展，而不必遵循与过去的进化历史相同的路径，就像人属所发生的那样。换句话说，与灵长目非常不同的物种很可能已经获得了某种形式的智力甚至意识。毕竟，生物的脑门儿上并不会安装一个数显：有智力或无智力。然而，智力还是存在区别的，有的动物智商高一些，有的动物低一些。我们也可以假设一种较为中立的场景，即人类部分灭绝，然后出现文化倒退，经过很长一段时间，人类物种或与之相关的物种在不同的环境条件下重新进化。想想核爆炸的可怕后果吧，它能够毁灭地球上绝大部分生命。

还有另一个同样极端的假设，即人类并非以指数级的速度进步，而是在200万年的时间里逐步发展。这种由持续的科技进步所支撑的整体进化可以抵消短暂的、可以忽略不计的社会倒退和自然灾害。在这个假设中，人们可以看到人类经过了哪些令人印象深刻的发展阶段，而"卡拉维尔号"的回归则为那时的地球人创造了一次参观活化石的机会。装载着宇航员的这个金属匣子，仿佛一个时间胶囊，将人类的初级版本运回了地球。

然后，我们可以看看人类是否已经达到甚至超越了某些里程碑。显然，"卡拉维尔号"的太空探险任务标志着人类已经成功地进行了一次开创性的银河系外旅程了。此后，地球人也应该沿着这条路线继续走下去，就像航海者完成了第一

185

次大洋穿越后，将沿着商业路线执行例行任务那样。然而，"卡拉维尔号"一直未能与地球基地建立联系，AI据此判断，在100万年甚至更长的时间里，地球人依然没有找到解决超光速旅行或穿越时空虫洞的方法，否则，在仙女星系附近将会有来自地球的宇宙飞船等着他们！可控的核聚变终于实现了，无须再使用化石燃料和核裂变能源了，社会能源的供应问题也就此解决。除此以外，人类也开始以民用为目的生产和利用反物质，但不幸的是，反物质也被用于军事……而基于纳米技术、锂和石墨烯的小型电池和超高效电池的开发使大规模的平面电力传输成为可能，这是一种生态的、安全的、高效的传输方案。

此外，还可以预测出许多科技领域可能会取得的成果。比如，在"卡拉维尔号"任务开启后的仅100年里，有"深度学习"功能的各类人工智能的开发和广泛应用将大大地减少人力劳动，人类活动将步入思辨、认知、创新和娱乐的领域。而在1 000年后，人类的寿命将达到数百年，可以战胜一切疾病包括先天性和后天性的肿瘤、心脏病等，并能运用有效机制即刻根除新的病毒或那些对于寿命有限但对人类影响不大的病根。举个例子，在中世纪，与瘟疫或食物短缺的死因相比，癌症是无关紧要的。由于细胞诊断和个性化治疗，人类会战胜衰老，如此人类会突破自然划定的那个限期。自然赋予人类唯一的任务就是繁衍后代，实际上，当"卡拉维尔号"的船员们正前往人马座的途中时，地球上的人类也许已经能够找到一个新的伊甸园了。

想象一下数十万年的时间会发生什么？可以肯定的是，如果人类愿意便可以获得永生，通过克隆的方式，将记忆和意识移植到新的身体上，当然这是一种个人选择。为人类服务的所有工作将由机器人负责，它们在形态上仿真人类，并具备一定的智能和良知。人类的繁殖加上特别选定的一些动植物的繁殖会让地球变得十分拥挤，这就不可避免地需要在银河系开辟其他的生存地带。在20万—30万年内，人类将在数千颗可居住的系外行星上建立永久的殖民地，并与一些同我们相似且充分进化的地外文明建立交流合作的关系，协商各自的定居地。地球母亲将更多地成为一种象征，一种与人类概念不再相关的历史遗迹，也许只有太空游客和历史学者才会感兴趣。可以预见的是，科技进步会带来社会伦理的同步发展，仇恨、歧视、战争、帝国主义、暴力等这样古老的概念将成为"人文主义心理考古学"的学者们所研究的课题。

再过几十万年，人类可以利用恒星的能量来实现一个个雄心勃勃的目标了。例如，创造一些行星用以种植农作物、采矿、建造心理疏导或娱乐消遣的场所、为有人居住的行星提供空间保护以抵御潜在的宇宙灾难等。空间传送将成为现实，用于连接各个居住地、系外行星以及与外星文明之间的交流合作。心灵感应也不再是特异功能，随着时间的推移，所有人类的大脑将与银河系其他的自然智能以及星际数据网络永久连接，从而创造出一种独一无二的互联人类思维。总之，这是一个田园诗般的世界，美好得令人难以置信，完美得不像真的。

在数据分析结束后，AI和机载分析师对各种假设的可信度给出了相应的级别，概率最高的是"人类将在短时间内灭绝"或"人文社交的急剧倒退"，简而言之，是回归洞穴时代。根据天体数据的分析结果，在接近太阳的位置存在着潜在的灾难性事件，这会导致地球发生严重的气候、地质灾害。这些灾难应该会在"卡拉维尔号"出发后的几百年、最多几千年后一一发生。"卡拉维尔号"的太空探险任务代表了人类文明的绝唱。

AI得出的悲观假设与"卡拉维尔号"出发前的预测是一致的。这也是"卡拉维尔号"太空探险真正的、深刻的原因，仅凭这一点便证明了这对于少数人来说的"自杀式"的疯狂之旅对人类的未来史至关重要。为什么说是未来史呢？因为实际上，此时人类世界已经历经了数十万年。如果人类社会的命运是朝向乐观发展的，那么来自"卡拉维尔号"在200万年后所带回的信息就是过时的，而科技已经超级发达的人类对这些信息也会毫不感兴趣。而在经过深思熟虑的有效假设中，"卡拉维尔号"的宇航员们返回地球后会做出巨大的贡献，他们可以用太空旅途中所得的丰富的、难以置信的信息来复兴一个已经衰败的文明，甚至为已经没有什么智慧生物的地球带去新生力量。因此，"卡拉维尔号"的主要任务和不为外人道的任务就是通过将一小部分人转移到安全的地方来确保人类的延续。如果是这样，我们可以说，"卡拉维尔号"在宇宙深处待了几百万年，它不仅是一艘宇宙飞船，它还是挪亚方舟。

地球生命在经过灭绝和进化后，新地球人完全不知道"卡拉维尔号"的存在和它的使命，因此，这也是飞船选择从月球轨道接近地球的原因，要保持安全距离！而后，我们英勇的宇航员们可能会被新的文明当成敌对的外星人。因为，他们很难让一个相当原始的社会了解地球的起源并让他们相信200万年的太空旅行这个疯狂的故事……那么，地球上会不会已经产生了能够杀死宇航员们的新型病毒呢？或者，同样的，宇航员们带回来的古老的流感病毒对新地球人是否是致命的呢？历史告诉我们，伟大的中南美洲不仅败在欧洲征服者的武器下，也被后者带入新世界的疾病所消灭，因为他们无法产生抗体。总而言之，返回地球将面临一个十分复杂的局面，这需要宇航员们和AI一起对新旧地球的情况和他们返回后收集的数据进行仔细地分析。"卡拉维尔号"的宇航员们完全成了"人类世"的探险家、考古学家兼古生物学家！

然而，对于预测结果的不以为然和对实际任务计划的服从让"卡拉维尔号"的船员们陷入了情绪的冲突。当他们为最后的冬眠做准备时，认知、恐惧、好奇和兴奋混合在一起，在他们的脑海中弥漫。他们就像圣诞前夜上床睡觉的小孩子们那样，希望在第二天早早地醒来，得到圣诞树下的礼物。

现在距离获得礼物，只剩下14年多一点了。地球这颗古老的星球已经过去了两万个世纪，对于"卡拉维尔号"里的"小孩子们"则只过去了47年10个月27天。他们对地球的记忆仍是鲜活的、亲密的，但硅材质的AI则不一样，这几十年中，它一直保持警惕和专注。作为未知事物的探索者、人类发展的见证者、地球文明的历史记忆者，到目前为止，大家都生活得很好。而一个全新的、充满奇幻冒险又充满希望的生活就在那儿，在许多个时空之前，那里曾是他们的家，居住着他们的亲人，承载着他们的过去。他们离开，他们又回来，准备在这里实行A计划，前路充满希望又危机四伏。

仙女星系，狡黠地望着他们，似乎表示认同，似乎在微笑……

致谢

感谢萨维里奥·布拉契尼（Saverio Braccini）和保拉·斯康珀利（Paola Scampoli），他们删改了文中的错误；若本书中仍存在其他疏漏，均由作者自行负责。特别感谢小白鼠读者马特奥·罗米特利（Matteo Romitelli），他仔细阅读了本书的手稿。最后，感谢安德烈·莫尔斯塔比利尼（Andrea Morstabilini）和达米安诺·斯卡拉梅拉（Damiano Scaramella）的校对，感谢他们的鼓励、友善和无可争议的专业精神。

出发吧！太空探险家

作者 _ 安东尼奥·埃里迪达托　　译者 _ 潘书文 钱璨

产品经理 _ 陈悦桐　　装帧设计 _ 吴偲靓　　产品总监 _ 李佳婕

技术编辑 _ 顾逸飞　　责任印制 _ 梁拥军　　出品人 _ 许文婷

果麦

www.guomai.cc

以 微 小 的 力 量 推 动 文 明

图书在版编目（CIP）数据

出发吧！太空探险家 / (意) 安东尼奥·埃里迪达托
著；潘书文，钱璨译. — 天津：天津人民出版社，
2023.4
书名原文：TRAVEL GUIDE FOR SPACE EXPLORERS
ISBN 978-7-201-16159-4

Ⅰ.①出… Ⅱ.①安… ②潘… ③钱… Ⅲ.①空间探
索－青少年读物 Ⅳ.①V11-49

中国国家版本馆CIP数据核字(2023)第045888号

著作权合同登记号　图字：02-2022-275号

出发吧！太空探险家

CHUFA BA！TAIKONG TANXIANJIA

出　　版　天津人民出版社
出 版 人　刘　庆
地　　址　天津市和平区西康路35号康岳大厦
邮政编码　300051
邮购电话　022-23332469
电子信箱　reader@tjrmcbs.com

责任编辑　金晓芸
特约编辑　康嘉瑄
产品经理　陈悦桐
装帧设计　吴偲靓

制版印刷　北京世纪恒宇印刷有限公司
经　　销　新华书店
发　　行　果麦文化传媒股份有限公司
开　　本　880毫米×1230毫米　1/32
印　　张　6.25
印　　数　1-8,000
字　　数　115千字
版次印次　2023年4月第1版　2023年4月第1次印刷
定　　价　39.80元

版权所有 侵权必究

图书如出现印装质量问题，请致电联系调换（021-64386496）